商戰與孫子兵法

Commercial War and Sun Tzu's Art of War

五南圖書出版公司 印行

前言

常常有人問我，公司在市場不景氣狀況下，或是生意遇到困難下如何因應？

有哲人說過，這世間有唯一不變的事實，就是變。對企業而言，更是如此。當生意的結果或公司的處境長期一直不如人意時，若想浴火重生，則先看看《易經》對變易的詮釋，而明白萬物變異的道理，以領悟爲什麼往日成功的做法是該變了？變是爲了什麼？

事實上，變是指變動目前的手段、方法，用來實現自己不變的目標與願景。變是形而下者之器，指的是可變的手段；不變是形而上者之道，指的是不變的目的。

企業不變的目的是什麼？獲利以生存。有的公司透過薄利多銷來累積薄利而獲純利，有的則是限量而高價位供應，給其目標市場的客戶而獲純利。該堅持的是欲到達企業的目的，手段是因人、因地、更因時而不同，都不能堅持不變。

萬物變異的四個階段（通、久、窮、變）

- 通：由企業生命體來看，公司初創之日，沒有任何包袱，努力求變，修正自己，以找尋出來自己的一條道路，逐步地找出並建立了組織架構、找出並提供了市場客戶所需要產品，直到生意開始通暢了，終於找到此階段成功的因子了。這就是易經中講的變易裡「通」的過程或階段。
- 久：俗語說：「萬事起頭難」。對企業而言，是「創業維艱」。在千辛萬苦找出通的方法後，就是開始進入變易的第二階段——久，指的是如何複製此成功的方法。

就像研發第一部新車，企業所投入之資源的人力、物力、財力與時間是非常昂貴，如五億美金，然而整個研發過程完成後，若能一再一再複製它，其成本僅需一萬美金或更低。若能找出此複製成功的方法，就達到易經上講的「久」。其過程就是「通則久」的進行與狀態。

一旦達到「通而久」的階段，正是企業生產力最高的時段，就變易來說，是儘量不要做結構性的變化，而是以複製已成功模式，複製再複製。此階段強調的是——不變。

- 窮：然而易經上亦指出「久則窮」的到來。這是勢的變化。而人力所能阻擋，只能儘量洞察時勢而做應變。

古諺：富不過三代。這可以說是古代大環境無太激烈變化，而僅是**組織內的變化**而變成勢窮。內部組織，尤其是人的質變（腐敗）而終產生量變，終於使小至家族、大至王朝之優勢變窮。

而今日所有企業永續經營的最大難關，卻是由另一種是**外在環境的改變**，而所牽引出來的問題。很多人與企業家都不明瞭或不肯面對一件事實，爲何往日成功之道，卻是今日失敗的主因？

爲什麼呢？請記得老子曾說過，福兮禍所依，禍兮福所至。

經驗、知識、地位甚至有形的物質是資產？還是包袱？完全視依時空背景而異，與當事人對此取、捨的智慧。說到底，知識僅是工具或鑰匙，而智慧是用哪一個工具，哪一把鑰匙，甚而什麼時候才去打開。

回想最初成功到達時，而到「通」的狀態之日，企業領導者都找足了所需的工具，並找到了自己成功的方法，將這些工具建立各種機制去達成其成功的目標，並能一再一再地複製其成功之道，而達到「久」的境界。爲什麼有一天會覺得無力感，或甚而諸事不順呢？這很可能我們已進入勢的第三階段——「久則窮」。我們都知道，以往的成功，並不能保證今日的成功。但大多數人亦迷惘，並繼續堅持過去成功時的方法，而忽略今天的時空已非昨日的時空了。

- 變：讓我們在遇到困難無法突破時，就必須捨下目前一切的手段，回到最原始的原點（目的）。

企業不變的目的是什麼，是獲利以生存（或生存以獲利）。以往達到此目的的方法，均是可變的手段。在往日時空背景下，往日的方法手段可以達到目的，就是好方法。今日時空背景改變下，而且各種數字都顯示依其方法均不可能達到目的，就不是好方法，不管它曾經被證明過多少次是對的。

再認知一點，許多成功的結果，卻常常同時是種下往後失敗的種子。尤其在「通則久」階段待很久時，更是使今日變的難度增加了許多。

勢的第三階段「窮」是最難過的，其難度不在「做」，而在「知」。

在成功時處於「久」的階段，一再重複複製方法，可以達到最高的生產力，然而慣性的複製裡，人們亦迷失在其中，僅記得在當時的時空有效下的手段，而忘了爲什麼用手段後的時空背景。

任何世間法，都是有條件的。在外在時空改變時，就已是條件改變下，原有手段必須改變，才可以到達原先不變的目的。

失敗者，都是堅持不變的手段，而忘了或不在乎是否可達到不變的目的。

成功者，堅持的僅是目的，毫不猶豫的改變手段、方法。

勢窮則變。變的結果不一定會通而活，但勢窮而不變，則必然死。

變是為了達到不變的目的，唯有改變已經勢窮不通的方法、態度，才能有機會達到你想要進階的地方。許多企業家在成功之日，能夠自成功的過程萃取出成功的精神（形而上者的道），而非手段（形而下者的器），而化為公司的座右銘（slogan），時時用這些座右銘來檢驗是否偏離了成功之道，若公司上下能時時確實執行，或能順利化危機為轉機，順利再轉型而適應新的時空環境。

只要知變，態度正確了，變的方法僅是技術問題、枝節問題，而「變則通」之日就可指日可待。

順天者昌，逆天者亡。順或逆，就要觀察天時，完全要明瞭自己個人或企業是處於勢的哪一個階段，是「通」、或「久」或「窮」或「變」，是轉折點（窮），還是順暢（久）的階段，然後才因地、因人而制宜。

美國在 19 世紀初有個著名的煤油燈公司（名子忘了，也不重要），經過多年努力其成功地作為煤油燈的龍頭老大，然而當外在時空變化時：電燈開始萌芽，不悟透顧客要買煤油燈是其手段，而照明是顧客最終不變的目的。不知對其公司的遠景重新詮釋為一照明的公司。該公司堅持可變的手段（煤油燈），而忽視其欲到達的目的（給顧客一個光明的環境），當然其下場是煙消雲散。

翻開上世紀初著名公司的名冊，看看有多少家今天還存在，就可知道這只是成千上萬中的一個例子而已。再看看 IBM（International Business Machines Corporation）它的公司名字以及營業的手段跟今日營業的手段已經全然不同，但是營業目的——「服務客戶」仍然不變。這是作爲企業家該確實警惕的地方。

抽梯言

因此要檢視公司（任何團體甚至國家）的前途，首要檢視的是該團體內的「道」？「道」是團體內成員的士氣對團體確實處境狀態的認知，即內部士氣跟外部處境各自在通、久、窮、變哪一個狀態？尤其團體內成員是否有共識？士氣與處境是否同步？如此才可以決定施力的大方向，在日後的經營策略，是儘可能緩步改善以延續爲主？還是儘可能一切歸零以變革爲主？

再來細看公司每一個事業部門的「天時」，是處於外部的哪一個產業生命週期裡？是導入期、成長期？還是成熟期、衰退期？在每一產業時期的各種資源投入或改變其輕重緩急是截然不同。例如產業處於導入期／成長期的生命週期裡，就要找一個有自我主張，敢於嘗試、而勇於負責不怕挫折有創新特質的人選，重心在嘗試。若例如產業處於成熟期／衰退期的生命週期裡，競爭環境是不太會有結構性的變化，資源的投入更是得精算與產出的關係，重心在管理，大致依循現有軌道前進，找的負責人只要知道戒愼恐懼，能夠嚴格執行耐瑣碎而繁雜的系統，個性能夠小心，具有改善特質的人選。許多巨型的品牌公司在成熟期後，若沒有占據該產業前 3 大位置的機會，一定把剩餘價值做邊際效應的最大化，開始啓動撤退機制，（逐步）停止對該產業的資源，把風險日高、產值已達天花板的夕陽生意，轉給願意做苦工、懂省錢的公司，除了拋開潛在的撤退風險，更可以把資源投入產值高的產業。

不管在產業的哪一個生命週期裡，產業的競爭力的三要素還是技術、品牌、通路，具體表現於利潤。若任何一個問題長期存在，主要原因絕對不是本身，問題的呈現常是表象而已，分析必須從前一級下手。尤其銷售長期不好，主要原因絕對不是銷售的問題，處理必須從前一級的行銷面，甚至產品面下手。不想落到當下「千金難買早知道」的悲慘結局，一開始就需有所謂的「升維打擊」思維，計畫由侷限在一維的銷售面，升級到二維的行銷面，再升級到三維的的產品面，甚至升級到四維的需求面／定位面。只考慮一維銷售面的公司，一定打不過升級到二維行銷面的公司；同理，只考慮二維的公司，一定打不過升級到三維的公司，而能持續成功的公司，一旦計畫開始必然持有四維系統的結構。

其次是「地利」，弄清楚個別市場所在的競爭者與自己的強弱態勢。

每一市場的發展起始點與速度與大環境的「天時」有所不同，更不用說生態環境都不相同，所以搶先掌握未開發市場的「地利」，就意味著搶占未開發市場的「天時」，再借由先行市場的軌跡，就容易將未開發市場的外在力量整合起來，達到借力使力的目的。

再來是「人和」。

「天時」與「地利」是無法操縱但必須順勢利導，以選定那類的領導特質是較適合這外在環境。而組織要保持最佳的競爭力，就是依「天時」與「地利」下做到「人和」。能做到「適才適所」則必能取得「人和」的最佳化，其重點在開誠布公下、順應天時地利、在考驗來時明快地處理人事變動，保持住「適才適所」。

最後才是「法」。

「法」必須考慮前面三項參數，搭配著「天時」、「地利」、「人和」，來實現「道」的基本意義，就能持續強化競爭力。

也就是說「法」不但是因人的因素而異，且必須依「天時」、「地利」來設定與變動，牢記順天則利、逆天則亡的天理，任何的 KPI 都爲了實現「道」的意義，要能讓整個組織的成員與合作夥伴有活力、有信心，能同心協力一起依計畫，義無反顧地朝目標前進。

任何「變」的手段，都是爲達到背後「不變」的目的。經營企業的「不變」目的都是賺錢，企業的「天時」、「地利」會變，經營的手段「將」、「法」就必須跟著變，爲了維持或強化企業的「道」不變，先弄清楚**爲何**要變？就知**何時**該變？現狀與未來確定後，**如何**去變就有方向與時間表了！

成功的變不在努力的大小，而最重要是在努力的方向。

王渤渤推薦序

我認識本書作者郭琛先生將近 4 分之 1 個世紀。應該是 1982 年夏天，他才剛從清華大學電機系畢業服完預官役後，接受 offer 參加新竹科學園區全友電腦擔任助理工程師起，我們有過近 10 年的共事。記憶中的他，一頭濃密的黑髮，梳成西洋歌手 Rick Nelson 的包頭髮型，配上一付副黑框大眼鏡。凡事都頗有主見，開起會來，意見超多的，是屬於肯獨立思考，創新型的個性。

80 年代中期，全友電腦推出一系列創新的電腦週邊產品 scanner影像掃描器。使用者購買scanner主要應用是「文字辨識」及「相片輸入」。scanner 廠商初期只提供 driver。使用者必須另購應用軟體，因此在推廣產品時需要許多技術上的支援。

歐洲市場當時提供了近 50% 的營收及利潤，重要性可見一斑。郭琛先生因爲語文、技術及溝通的能力強，轉調升爲產品應用經理，負責支援西歐（當時東歐尚未開放）的業務，這是他與歐洲市場結緣的開始，屈指算算將近 20 年了。據了解這 20 年，雖換了幾個職務，卻一直待在西歐從事資訊產品的推廣，是屬於最資深的專家。

有一件關於郭琛的事，我一定得提一提。80 年代後期，由於應用軟體售價昂貴，動輒 USD500～1,000 之間，加上 Scannerscanner 本身 USD 2,000 元起跳，客戶因此僅限於 aArt dDesign 部門，全球一年銷售量不到 10 萬台。郭琛根據他的觀察分析，向公司提案「將應用軟體搭配 sScanner 銷售」。今後改賣 Solutionsolution 不再只賣硬體。公司採納結果造成市場上的三贏：使用者——買到就可以用而且可以省錢；應用軟體——提升與 sScanner 銷售比從 20% 上升到 100%；其餘 sScanner 廠商紛紛仿效業績也大漲。90 年代中期市場一度達到一年 2,000 萬台的規模。

bundle 搭配應用軟體如今已成爲資訊週邊產品銷售的標準模式，其原創者就是本書作者郭琛先生。

過去 20 年，臺灣經濟成長的引擎，電子資訊扮演極爲重要的角色。時至今日，臺灣產業的整體實力，雄踞全球第三。影響力遠遠超過土地、人口等有形數據。這些成果其實是由許許多多無名的專業人士奮力投入、夙夜匪懈、流血流汗所累積的成果，郭琛先生就是其中的佼佼者。

展望未來，資訊電子業者也有意擺脫爲人作嫁永遠做 king-maker 的宿命。建立自我品牌，雖然是一條艱辛的路，似乎也是學者、專家們一致同意的少數可能的選擇。

在這關鍵的時刻，郭琛先生將他近 20 年在歐洲市場的實務經驗，對品牌行銷做了一個深度的探討，同時也加入了一些在管理上的心得，毫不藏私地完成這本《商戰與孫子兵法》。

本人有幸得以預先拜讀書稿。對於一般的讀者而言，這是一本描述在歐洲市場開疆擴土、引人入勝、眞人實事的故事。對於有意前進歐洲主打品牌的廠商來說，本書是一本物超所值的參考書，甚至可用來作爲 playbook 行動綱領，極具收藏的價值。

身為 20 多年老同事、老朋友，郭琛先生在他專業的領域上著有成就，我是與有榮焉。特為此文推薦，書中內容就請讀者聽他娓娓道來，細細品嚐。

王渤渤
曾任
全友電腦股份有限公司總經理
新彩科技股份有限公司董事長

李家同推薦序

我認識郭琛是在清大計算機管理決策研究所的時代，那時我開了有關 compiler（程式編譯器）一門課，電機系幾個三年級學生都來修，這些學生包括郭琛在內表現都還不錯。暑假時，清大圖書館張館長需要寫一個會計軟體，那時我就找了他來設計，一個暑假就寫好了。張館長很滿意，也順便提出下一個計畫，希望再寫一個大型的資料庫軟體，並把總館裡所有的圖書與期刊分類，以便學生查詢和圖書館人員控管，並和各系所的資料連線。圖書館動用了三個工讀生的經費，以支付郭琛每個月臺幣八千多元，可見此資料庫的重要性。

在那同期時我也是學校裡電子比賽的評審，郭琛也參加比賽，並拿了第二名。我才知道他不但軟體能力強，硬體能力也非常好。在清華任教時，我一直鼓勵學生要動手做，不要只是懂理論，缺乏實務經驗會變成在往後發展裡的限制，郭琛在這方面的表現是我非常喜歡的學生之一。

我對於郭琛的印象很深刻，他參賽的作品爲電晶體特性掃描儀，是相當不容易的作品。當時他還身兼系上「動手做實驗室」的負責人，這個實驗室就是鼓勵學生用系上的儀器和設備來做實驗，由於他們是第一屆電機系的學生，該系教授們希望在有限經費下，能鼓勵學生動手做，也激勵學生的創作能力和經驗。

於是他設計了一個實驗室用的交換式的電源器，以作爲系上的使用。這個產品從設計研發，並自己去洗線路板，測試各式零件，最後再採購所有需要的材料。於隔學期上課時，他向同學們解釋線路原理，並教導同學如何裝配和測試一直到成品，他可以說在大學時代，動手做方面表現非常優異。

大四時，管理決策研究所的很多課他都跳級選修，還和同學到交大去旁聽。畢業後，和他還保有聯絡。但後來他去歐洲工作，中間有段時間失聯。直到 2006 年，才又聯絡上。他提出他想把幾年來在歐洲行銷的經驗寫成書，並希望我寫序。但我對市場行銷不太熟悉，所以我只能寫出他在學校裡的表現；至於書的內容，就留由讀者細細去咀嚼和評斷吧。

李家同
曾任
國立清華大學代理校長、
靜宜大學以及國立暨南國際大學校長
現任
國立清華大學教授

盛少灝推薦序

郭琛君早年被就被全友電腦派到歐洲子公司服務數年，1993年時為力捷擔任歐洲子公司的創始總經理。他在歐洲至今已有逾卄年的海外行銷經驗。

他的表現令人印象深刻，首先力捷集團在1998年和1999年大虧損，損失超過70億台幣以上。在整個風暴中，唯有郭琛君所經營的力捷歐洲仍然表現亮麗，不僅銷售量與美國市場相當，而且虧損不到美國的10%。隨後在1998年後，憑藉著他對市場行銷和推廣有獨到的看法和經驗，因此力捷歐洲從1998年到2006年連續8年都有盈餘。力捷歐洲是力捷集團海外據點中，能夠持續獲利且碩果僅存的公司。

其次，郭琛君在2000年後還自己增加銷售產品線，包括跨足到消費性電子商品以及其他產品，並繼續堅持建立自己的品牌。由於建立品牌是一條漫長且艱辛的路程，必須注意每個環節，有別於只專注於製造生產的觀念；再者因為建立品牌的戰線拉長，因此很容易在任何一個環節有弱點時，在市場的千變萬化下，就變成致命傷的所在。他以品牌行銷能達連續8年都有獲利，在市場競爭激烈的情形下，這可以說是很不容易獲得的成果，原因不外乎是他的經營有獨到之處。

除了早年郭琛君與我在全友電腦公司共事外，2008年他協助虹光歐洲子公司的創設，後來才知他是我小弟在新竹中學的同學，之前為我虹光公司的顧問，自2018年起終於負責虹光德國子公司，在短短的4年間，銷售額大幅成長三倍，集團整體利潤也就上升了，歐洲的 Avision 品牌市占率也由第八大，年年上升到 2021 年底的第五大，今年 2022 年到 9 月的業績，已超過 2021 年全年業績的一倍有餘，這是集團其他地區無法匹敵的成績。

臺灣廠商大都以 OEM、ODM 起家，在市場成長時獲利還不錯，等到市場成長緩慢或獲利變低時，客戶都會擠壓工廠利潤而影響臺灣廠商營運而難以獲利。因此，現在郭琛君願意把他在歐洲寶貴的品牌行銷經驗分享給大家，身為他的好友，非常樂意為他作序，希望有志於品牌行銷的臺灣廠商都能從本書中獲得啓發。

盛少瀾
曾任
力捷公司總經理、虹光精密公司創辦人
現任
虹光精密公司董事長兼總經理

自序

自大三下開始，除了修研究所的大型作品外，就開始接設計硬體或軟體的案子，投入設計眞是迷到廢寢忘食，喜歡接觸不同的工具、接受不同的挑戰，但 1982 年服役後的職場工作，卻只能爲公司提供最大產值，在重複地炒冷飯。

因緣際會在 1985 年轉到市場部，做市場面的技術支援——Field Application Engineer, FAE，開始接觸市場的人事地物，必須開始大量地閱讀許多不同領域的書籍，嘗試現學現賣，再次經驗從嘗試中學習、尋覓後獲得的喜悅。

隨著公司業務的蓬勃發展，1986 年開始支援美國、亞洲、歐洲市場，1988 年 1 月更被全友派駐到德國駐點，1993 年力捷派駐到德國負責歐洲業務。1998 年風起雲湧，儲備多年的學習能量終於有機會得以運用，連續 10 年有非常耀眼的成績與獲利，甚至跨過兩個產業——桌上型掃描器與 DVD 播放器／DVBT 接收器——的生老病死。

當年臺灣在掃描器的產業，不但有別於 PC 產業，掌握了掃描器的技術，而且勇於進入自我品牌的銷售，但都省略行銷，重心就是銷售結果。因爲出身於工程師，加上自我學習的市場行銷，就築夢而嘗試品牌行銷，1994 以及 1995 年間 UMAX 高階掃描器——PowerLook 在德國之雜誌評比就屢屢勝過強敵 Agfa 品牌。1998 年後，因低階掃描器開始爆發型成長，我再度以雜誌評比爲主的技術帶出品牌的行銷手段，竟大放異彩，在短短 2、3 年間在德國各大雜誌屢獲首獎，因此得將 UMAX 品牌壓制

HP 品牌，不但獲取榮譽並得到巨額利潤。

臺灣的業務大多爲代工爲主，即使有些公司開始做了（國際）業務，都是專注在銷售而已。產品銷售想要在銷售量與利潤有好成果，則品牌行銷是唯一的途徑，而品牌行銷的最重要基礎是產品擁有傑出的技術。臺灣的廠商在銷售產品時，大多忽略了行銷的環節，以爲行銷就是打廣告，僅是用華麗的圖片或冷冰的技術文字，最後就淪爲價格戰的銷售。所以專注於代工爲主，或不懂利用行銷來銷售，即使公司因爲產品趕上了產業上升期而成功，一定隨著產業消失而消失，甚至在產業的下降期就消失了。

品牌行銷是從銷售面的供給需求（fulfill demand），提前到行銷面吸引需求（attract demand），這就是業務計畫的超前部署。事實上，當時力捷的工程師已在產品面做到創新需求（create demand），但擁有同樣的優秀產品，力捷的美國／亞洲分公司浪費這機會，沒有做好品牌行銷，仍自貶身價求售，則辛苦後還是只有辛苦。兩年之後，HP 拿了臺灣掃描器的產品與成本、掛上 HP 品牌，就把臺灣掃描器的廠商都打到銷聲匿跡。

爲了分享自己難能可貴的品牌行銷經驗，2006 年曾把《商戰與孫子兵法》初稿寄給商業周刊，商周覺得內容是符合要求，見面後也指派了編輯與討論進度計畫。但過農曆年後，該編輯被調去支援日本大前研一，重編與出書就暫時停擺。隔六個月後，再次見面也指派了新編輯，結果抽調支援、暫時停擺的故事又重演一次，我就決定自己出書。之後借助這本著作，得以陸陸續續在各處演講有關經營管理與品牌行銷的議題，也主持了幾次的線上讀書會，專門解說《孫子兵法》，在接了幾個顧問的工作，幾次重溫《孫子兵法》時，順道把新的心得記錄下來爲日後改版做準備，年前終於在李家同老師的介紹下，有出版社願意嘗試。

我沒有科班的商業知識訓練，但閱讀了許多國際名人專家的商業著作，尤其對《孫子兵法》更是多次深入研讀，並嘗試運用到經營管理與品牌行銷上，在累積了豐富的實戰經驗後，書寫心得分享，希望對有心品牌行銷之人士有些參考的價值。

學歷：國立清華大學電機工程系 1980 級畢業

經歷：

1982 – 1987　全友電腦（臺灣）

1988 – 1992　全友德國 Microtek Europe GmbH, Sales & Marketing Director

1993 – 2010　Umax Systems GmbH 任職總經理

1999 – 2005　設立 Umax France 兼任總經理、董事長

1999 – 2010　設立 Umax UK 兼任總經理、董事長

2005 – 2009　設立 YAMADA France 任職董事長

2002 – 2009　設立 Avision Europe GmbH 兼任總經理

2004 – 2011　設立 Holux Europe GmbH 兼任總經理、董事長

2003 – 2007　設立 Umax Poland, Umax Czech, Umax Slovakai 任職董事長

2005 – 2007　德國萊茵臺北學校校長

2009 – 2015　德國德西臺商會會長

2009 – 2010　德國臺商聯合總會長、歐洲臺灣聯合總會副總會長

2014 – 2015　德國臺商聯合總會長、歐洲臺灣聯合總會副總會長

2015 – 2016　歐洲臺灣聯合總會監事長、世界臺灣聯合總會副監事長

2011 – 2017 德國 CEAC GmbH 總經理

2018 – now 歐洲華文作家協會第十三 / 十四屆理事

2018 – now 德國 Avision Europe GmbH 總經理

2022 – now 清華大學校友總會第九屆理事

目 錄

《孫子兵法》導讀

《孫子兵法》全書共約五千九百字，分爲十三篇，是本以軍事術語爲載體的哲學經典。舉凡有能量間的對抗，大到國家間的政治、經濟、軍事等有勝負的分野，小到投資、談判、自保的商業輸贏，運用上《孫子兵法》都可以強化自身的預判力、競爭力與獲勝率。現實中能印證勢小的一方，能游刃有餘地對抗勢大的敵手，其行動過程必暗合〈兵勢篇〉的「正合奇勝」的作爲；即便勢大的一方要能戰無不勝，其攻擊、擴張須符合〈虛實篇〉的精神，《孫子兵法》幾乎全方位地詮釋了在各個環節與情境的制勝之道，是一本很好的書，指引讀者如何百戰能「不敗、不疲」，知曉百戰如何「致勝、越強」的條件。

〈始計篇〉是《孫子兵法》全書的綱領，兵（國防）是國之大事，不可不察，需用「五事」──道、天、地、將、法來檢驗兩國競爭力的基本盤，其中道綜合了外在因素（天、地）與內在因素（將、法），道凝聚了全民對國家的信心，表現在對領導者意志的執行力。最後提醒要得勝就得伺機「兵者，詭道也」的欺敵作爲，確實懂得「制人而不制於人」的至理。

接著的前三篇，〈作戰篇〉、〈謀攻篇〉、〈軍形篇〉，談戰爭先期作業的觀念。這三篇各自論述鬥爭前期的各項準備要點，所以適用在商場上，舉凡進入新的市場、設立前進據點、甚至與競爭者或準合作夥伴談判前，都可逐條檢驗，做好作業前的萬全準備。

〈作戰篇〉論述戰爭的動員與準備。說明在行動之前，能提出獲勝所需的人力物力財力，與可能的傷害，評估國力能承受的級數，以萬全的準備做到慎於始而善於終的結果。準備時以「役不再籍，糧不三載」爲準則，行動後能「取用於國，因糧於敵」的作爲。

〈謀攻篇〉是謀求攻擊結果會是一個完全的勝利。百戰百勝，非善之善也；不戰而屈人之兵，善之善者也，若能兵不頓，而利可全，此爲謀攻的最高境界。爲此訂下「伐謀、伐交、伐兵、攻城」之順序。

〈軍形篇〉說明在戰役／戰爭還未開始能超前部署，以「修道而保法」爲開戰後增添勝算的準備，以看似閒棋、實爲布局的造勢、借勢，來蓄勢待發。故善戰之勝，無智名——會用大數據，找出（內）因、（外）緣與果（勝利）的關係，無勇功——根據敵我雙方的強弱攻防，沒有生靈塗炭地廝殺，如此做到「勝可知，而不可爲」，在明白成功的必要條件後，對內在條件能確實培養好，若是外在條件能耐性等待成熟，不急不躁直到掌握到所有成功的必要條件。所以用兵前，「先爲不可勝，以待敵之可勝」，以爲「勝兵先勝而後戰」，這是國家、公司、個人由成功蛻變爲偉大的必要條件。

接下來的四篇，談在戰場上的四大行動哲理。〈兵勢篇〉是防守哲理，在我弱敵強下須用「奇正」部署，正合可利用前一篇〈軍形篇〉的造勢來防守，奇勝是讓對手無法確實掌握我方的反擊力，達到以小博大、以少擊眾的效果；〈虛實篇〉是闡述攻擊哲理。在我強敵弱下，攻擊的重點在確定對手的「虛實」，以便在接戰的時間、地點內以強擊弱；〈軍爭篇〉是談在面臨突然而來的考驗，在此時刻下能否明判是生死勝負的機會？還是陷阱？而且在風險中火中取栗的膽識；〈九變篇〉提醒指揮官凡事不要落入慣性思考或形式主義，在決定前「必雜於利害」地清零後再次思考。

如果平日還能研讀禪修，在行動遇到困境時，就能先把散亂的心平靜下來後，再重溫這幾篇哲理，常會有靈光突現的刺激下，令人有撥雲見日的喜悅，更有錦囊妙計的功效。

〈**兵勢篇**〉談的是利用「**速度**」來用勢，將所累積儲存的「勢能」瞬間爆發，成爲難以抵擋的巨大「動能」。強調防守或兵力少須懂得運用「正合奇勝」，若要「鬥眾如鬥寡」而不敗，還得從少數兵力中抽調出相當兵力做爲「奇兵」，來侍機攻擊敵人背部。「正合」以少數兵力但借助〈軍形篇〉整合好蓄勢待發的勢，甚至借用〈九地篇〉依地形的特點，將士卒的生存潛能發揮出來；「奇勝」的條件是讓對手無法確實掌握我方的反擊力，其要訣在「**隱藏**」與「**機動**」。

〈**虛實篇**〉攻擊前須比對手還了解對手，做到會戰時空下能避實而擊虛。以策之、作之、形之、角之來確定對手的虛實，若敵軍的實力確實強大，則以利誘、迫害，先將其勞之、飢之、動之使敵強弱化；若一時不能改變敵強我弱就避免攤牌，等待敵軍內部的分歧與變化，因爲五行無常勝、四時無常位就等局勢改變，懂得兵無常勢，水無常形，攻擊時能保持我強敵弱、我眾敵寡，因敵變化而取勝。

〈**軍爭篇**〉戰場上敵軍出現敗象、顯露出戰術的破綻，這是勝利的契機？還是敵人的誘敵？「軍爭」本身有兩刃，爲利？爲危？機會與風險是銅板的兩面，又如金鼓旌旗是交戰時指揮行動工具，有時也可用來欺敵。軍隊「以詐立，以利動，以分合爲變」，如風、林、山、火配合各種行動。在僵持不下的決戰前，對軍紀與士氣要懸權而動，這觀點道出戰爭的殘酷面。

〈九變篇〉教導要「制人而不受制人」，臨場指揮官勿陷入慣性反應，根據現場實際情況，懂得「五不爲」的臨機應變道理，臨場權衡得失後，能果斷揚棄、修正原有計畫，採取正確的行動。思考問題時能「必雜於利害」以權衡輕重緩急，持勿意勿必的態度，依目的決定手段，靈活運用各種戰術，才不會落入敵人的算計中，並要檢視自己有無「五危」缺陷的個性。

若說〈兵勢篇〉到〈九變篇〉是闡述如何創造出攻擊前剎那的「時間—天時」，則下三篇都與「空間—地利」有關外，〈行軍篇〉是教導對陣時如何運用到組織長期常態的風險管理；〈地形篇〉是談到「人和」，尤其前線指揮官需持戒愼恐懼、有膽識、有擔當，也要知彼。〈九地篇〉還涵蓋了「人和」與「法治」。由於層級上達決策者，此篇可用於商業**行銷**各個層面的參考。

〈行軍篇〉聚焦在**地利**與**風險管理**的道理，否則無慮而易敵者，必擒於人。在軍事作戰時，注意地形對行軍、運輸、攻防等不利影響，見微知漸、進而防微杜漸做好風險控管。在商場就是市場行銷時，對各型通路商、合作夥伴的選擇，經營管理時的教戰守則，需注意的外在不可控制的風險，與內控管理，由資訊的分析與判斷可有效提升我方的戰力。

〈地形篇〉聚焦在**地利**與**知己**的要點。再次強調知己知彼，百戰不殆，知天知地，勝乃可全。行軍篇與地形篇是一組，談的是執行面的行動準則。作戰計畫與兵力部署都在需要在開戰前準備好，尤其是戰略要地須盡早卡位，這些動作須在敵方行動前，超前部署完成。掌握大局、善用外力的將領，切實了解全盤動態脈動，進而能超前部署；戒愼恐懼、有膽識、有擔當的特質人才是國家與公司極難得的前線指揮官人才。

〈九地篇〉的內容涉及心理戰，著重在對內的士氣，若能透過公關與宣傳的機制，也能應用到市場 / 戰場上要爭取的用戶 / 對手。在進攻與防守使士卒能夠齊心一體奮勇作戰，靠的是平日部隊軍紀與教育，齊勇如一，政之道也。〈九地篇〉提出另一個重要的致勝之道，就是懂得依地形的特點，而將士卒的生存潛能發揮出來，「投之亡地然後存，陷之死地然後生。夫眾陷於害，然後能爲勝敗」，就能將如羊之士卒驅使爲狼虎般勇猛狡猾，即剛柔皆得，地之理也。〈九地篇〉特別適合在 booming 中的市場成長期的前期，行銷主軸由自己的優點出發，強調自己的優點讓客戶看到你。由於此時市場狀態是還沒大一統，百家齊鳴、百花齊放，產品技術還在發展中，客戶的想法還在變化中，「九地之變，屈伸之力，人情之理，不可不察也」，行銷宜因地、因時制宜，尤其做到「始如處女，敵人開戶，後如脫兔，敵不及拒。」，動靜有序才是本篇的重點。

最後兩篇〈火攻篇〉與〈用間篇〉都是實際攻守時，如何藉助外力，使自己的戰力瞬間提升。每個行動的過程，都有決定勝負成敗的人、事、地、物、時，不同於〈軍爭篇〉，這些關鍵性因素是必然存在，且有跡可循、有法可得，但都很難爲外人道也，當發生作用時，其過程非常地短，效果卻是決定了結果。

〈火攻篇〉與〈用間篇〉也是外在力量的使用，但天時地利的外在力量是無法左右，但火攻與用間在條件適合下可以主動培養利用的。火與間是一刀的兩刃，非有膽識過人不能拿捏得當，不但成與敗都在一線間，且作用力極爲巨大且殘酷，使用時必須深思熟慮。

〈火攻篇〉「發火有時，起火有日」日者，風起之日也，點火趁起風的時候。行銷最好的時機，就是藉助季節性的需求，利用媒體的功能，輕鬆地把旺盛買氣引導過來，使自己的銷售量快速提升。除了銷售旺季，市場正流行的熱門話題、或是大型賣場的開張、週年慶等時機，都是「起火的好日子」。有攻擊的題材、看到敵人弱點，也得等到最佳時機，就可取得最大效應。

〈用間篇〉三軍之事，莫親於間，賞莫厚於間，事莫密於間，非聖賢、非仁義、非微妙不能得間之實。把商場人人共享的資訊，能比競爭者早一步分析、與轉化爲情報（知識），並能行使常人所不能忍的執行力（智慧）。

《孫子兵法》是一部環環相扣的教戰守則，各篇的精神也相互呼應，唯有融會貫通才能運用得當，在戰場、在任何無煙硝的商場、對抗、鬥爭，面臨下列重要的考驗之際，都可借鏡《孫子兵法》各篇的視角，來參考應用。若要：

- 檢驗敵我競爭力、評估勝算，參考〈始計篇〉；
- 整體行動前，參考〈作戰篇〉；
- 擬定最高戰略前，參考〈謀攻篇〉；
- 增加戰力的布局，參考〈軍形篇〉；
- 處於弱勢、以小博大，參考〈兵勢篇〉；
- 處於優勢、進行攻擊，參考〈虛實篇〉；
- 突來的制勝先機，**機會**與**風險**的取捨，參考〈軍爭篇〉；

・檢討與應變，參考〈九變篇〉；

・架構風險管理，參考〈行軍篇〉；

・選擇重要單位主管，參考〈地形篇〉；

・僵持中，注意維持高戰力，參考〈九地篇〉；

・使戰力瞬間提升，關鍵在藉助外力，參考〈火攻篇〉與〈用間篇〉。

從商者依產業所處在的市場生命期，翻閱《孫子兵法》相關的章節，會有「日之所思、夜之所夢」的效應。處在市場教育期可翻閱〈作戰篇〉到〈軍形篇〉，到了市場成長期則建議多次細讀思考〈兵勢篇〉與〈虛實篇〉，一旦位處市場成熟期則可參考《孫子兵法》之〈軍爭篇〉、〈九變篇〉與〈行軍篇〉，其中〈始計篇〉、〈兵勢篇〉、〈軍形篇〉、〈虛實篇〉、〈軍爭篇〉與〈九變篇〉是論述非常上乘的「動靜哲理」，觀勢、藉勢、造勢、用勢，句句都是以勢致勝之道，在困惑煩惱時看看這幾篇，或許呼應的字眼就會特別亮眼。

始計篇

孫子曰：兵者，國之大事，死生之地，存亡之道，不可不察也。孫子說：戰爭是一個國家的頭等大事，關係到軍民的生死，國家的存亡，是不能不周密地觀察、分析與把握。

故經之以五事，校之以七計，而索其情。因此通過敵我雙方五個方面的分析，七種情況的比較，得到詳情，來預測戰爭勝負的可能性。

一曰道，二曰天，三曰地，四曰將，五曰法。（五事中）一是道，二是天，三是地，四是將，五是法。

道者，令民於上同意，可與之死，可與之生，而不畏危也。道，是民眾能追隨君主的目標，能統一百姓的意志，生死聽從，而不會懼怕危險。

天者，陰陽、寒暑、時制也。天，指晝夜、陰晴、寒暑、四季更替。

地者，高下，遠近、險易、廣狹、死生也。地，指地形的高低、路程的遠近、地勢的險要、平坦，戰場的廣闊或狹窄、是生地還是死地等軍事地理條件。

將者，智、信、仁、勇、嚴也。將，指將領足智多謀、賞罰有信、對部下真心關愛、勇敢果斷、軍紀嚴明。

法者，曲制、官道、主用也。法，指軍隊編制與管理制度、人員編制與責權劃分、軍事裝備與後勤補給。

凡此五者，將莫不聞，知之者勝，不知之者不勝。對這五個方面，將領都不能不做深刻了解。了解就能勝利，不了解就不能勝利。

故校之以七計，而索其情。所以要以七種情況來考察分析彼此，就可預測戰爭勝負。

曰：主孰有道？哪一方的君主是有道明君，較能得民心？

將孰有能？哪一方的將領更有能力？

天地孰得？哪一方占有天時地利？

法令孰行？哪一方的法規、法令更能嚴格執行？

兵眾孰強？哪一方資源更充足，裝備更精良，兵員更廣大？

士卒孰練？哪一方的士兵訓練更有素，更有戰鬥力？

賞罰孰明？哪一方的賞罰更公正嚴明？

吾以此知勝負矣。通過這些比較，我就知道了勝負。

將聽吾計，用之必勝，留之；將領聽從我的計策，任用他必勝，我就留下他；

將不聽吾計，用之必敗，去之。將領不聽從我的計策，任用他必敗，我就不用他。

計利以聽，乃爲之勢，以佐其外。能聽從有利的制勝計策，依此找到可用的勢態，作爲協助我方軍事行動的外部條件。

勢者，因利而制權也。造勢，就是採取必要的措施，有利我方的布局。

兵者，詭道也。出兵作戰，就是詭詐欺敵。

故能而示之不能，因此，有能力而裝做沒有能力，

用而示之不用，實際上要攻打而裝做不攻打，

近而示之遠，欲攻打近處卻裝做攻打遠處，

遠而示之近。攻打遠處卻裝做攻打近處。

利而誘之，對方貪利就用利益誘惑他，

亂而取之，對方混亂就趁機攻取他，

實而備之，對方聚集就要防備他，

強而避之，對方強大就要避開他，

怒而撓之，對方暴躁易怒就可以撩撥他怒而失去理智，

卑而驕之，對方自卑而謹慎就使他驕傲自大，

佚而勞之，對方體力充沛就使其勞累，

親而離之，對方內部親密團結就挑撥離間，

攻其無備，要攻打對方沒有防備的地方，

出其不意。在對方沒有料到的時機發動進攻。

此兵家之勝，不可先傳也。這些都是軍事家克敵制勝的訣竅，不可先傳洩於人也。

夫未戰而廟算勝者，得算多也；在未戰之前，從各個角度周密的分析、比較、謀劃的一方，得勝；

未戰而廟算不勝者，得算少也。在未戰之前，少從各個角度周密的分析、比較、謀劃的一方，無法勝。

*多算勝，少算不勝，而況於無算乎！*準備多的得勝，準備少的無法勝，而何況完全沒有準備的一方！

*吾以此觀之，勝負見矣。*我僅根據戰前準備的情況，不用實戰就可預知勝負了。

心得分享

〈始計篇〉是整個《*孫子兵法*》的總綱，說明如何評估自己與對手之間的優劣，借此也點出如何強化整體競爭力的大方向。孫子認爲國家在整體戰力的評估上，是由「*道、天、地、將、法*」五大指標來評判、比較自己與對手的優劣。個人解讀是這五項要素依其重要性排列，但在此將「道」放在最後來解釋以強調出其重要性。

「天」：在軍事上，帶軍隊作戰的主將，需對主戰場作戰期間的天象氣候能確實掌握，因爲天象不可控，在極端變化下的影響遠勝於「地，將，法」的因素，所以「天時」是必須隨時注意的最大變素。

歷史有名的幾個例子：

- 1812 年拿破崙率領遠征軍攻打俄羅斯，結果沒算到俄羅斯會避其強而堅兵清野，直到「冬將軍」降臨俄羅斯。不用任何的交鋒，法軍就毫無招架之力，而需全面撤退。
- 元朝時，派大軍乘坐上百艘軍艦進攻日本，而沒法將氣候算入，結果兩次出兵均遇到颶風而失敗。

・赤壁之戰，劉備與孫權聯軍把握風向的短暫改變，火燒曹操大軍，而開啓了三國並立的局面。

「天」在商場上，就是「天時」的掌握，想要出人頭地就得對商場上的「勢」有特別敏銳的感觸。當「勢」正改變而尚未成形，就得搶在別人尚未覺察到市場趨勢前，「乘勢」而卡位。能夠「借天行事」的投資者其投資報酬率都是幾萬倍以上的，因爲第一位「乘勢而起」的人，將能獲得最大的「邊際效應」，拿下絕大部分「無中生有」的市場。

近代有名的例子：

・美國 Walmart，首先利用衛星的傳送能力，將旗下所有百貨公司的各項銷售結果、庫存、供應商的備料與供貨能力等資訊，都即時傳送到總部的計算中心處理。有了即時的資料（比當時對手的資料至少早一週），分析出來的資料當然最符合市場的動態。所以一舉由二、三線的大賣場，脫穎而出，成爲美國甚至世界最強大的大賣場。

・「亞馬遜書店」，全世界第一個將網際網絡引入線上購買系統，由默默無聞的公司，成爲世界知名公司。

・Google，第一個根據網站搜索大數據與個人搜索需求結合，建立智慧型的搜索引擎，結果霸占網上搜索過 5 成的市場。

・YouTube，第一家提供免費影像儲存、觀看系統，還有第一家社交媒體 Facebook 等等。

商場上的「天時」，主要因技術、法規，甚至民情的丕變下而形成商場上的天時契機。若主事者注意到某項細微的變化，從中推測會由此出現「蝴蝶效應」，立即「乘勢」推出自己的「產品」來迎接市場上即將的改變，而創建並占據了一個「前所未有」的市場，甚至可輕易建構一個讓競爭者無法跨越的鴻溝，而獨享天時之利。

歷史上都是時勢造英雄，而不是英雄造時勢，只是英雄獨具慧眼，搶在新的技術、新的法規等能量即將形成新市場的「天時」前，如此先占據此潛在市場的中心／高地而已。就像當年智慧型手機的各項技術大體都成熟了，而 Steve Job 獨具慧眼搶先把那些成熟的技術整合起來而已，這也是爲什麼在 iPhone 出來之後，即使各家都隨後有能力推出相等的智慧型手機，但都時不與我，無法追上已占據市場高地的領先者。

市場是因需求而生、而滅，只要形而上的「需求」沒有消失，消失的只會是形而下的過時「產品」。即使在「市場衰退期」，如果可以將自己產品向上下游垂直、或橫向跨領域整合成功，就能把被整合產品的市場吃進來，進而免掉「產業導入期」而直接進入下一階段的「市場成長期」。所以整合是創新也是「天時」，而能整合跨領域的成熟的技術，是最實用有效的創新，像伊隆．馬斯克就是將成熟的電池與火箭推進器，整合到電動車與火箭上，就讓特斯拉電動車與 Space X 大放異彩而占盡先機。

市場「天時」的「勢」是源源不斷來自各方的能量，在彼此相互激盪作用下的結果，所以必須認知「勢不可擋」的硬道理，若有高人一等的視野與智慧，即使沒有龐大資源，亦能率先「借勢使力而起」，輕易卡位占有新興市場的大位；後知而擁有龐大資源者，還能「造勢——依勢而造」來避開被卡位市場，努力圈圍其他新興市場；反應好一點卻沒有龐大資源者，或能「乘勢」搶些地盤來分享；沒有龐大資源的後知後覺者，絕對要懂得「順勢」轉身離開，否則就淪爲怨天尤人的「逆勢」失敗者。所以「天時」的掌握，是有志攻略市場之士最必須切實注意。「天時」是可遇不可求，若能先掌握住，則到成功之前，是沒有人知道要擋路的。錯過此機會的跟隨者，即使投入百、千倍於「先行者」的資源，猶如「仰攻」被卡位的山頭，都很難有先行者的成果。

一年中市場消費淡旺季的買氣循環，例如耶誕節、感恩節、復活節就是全年買氣旺盛的重要期間。想銷售好，就得把新產品在銷售旺季前，即使能設計、生產、運送到市場。如果貨品準備不及而錯過旺季的天時，則該年的銷售必然慘淡無比。還有市場在戰爭、病毒、氣候等災難造成供應與需求不平衡的「天時」，都必須立刻調整原有的計畫，以減輕意外帶來的傷害。

「地」：在軍事上，軍隊指揮官需對計畫「決戰」地點與行軍路徑的地形特性都要掌握到位，以便搶先占據以享有「地利」的優勢。「地」的重要性次於「天」，而高於「將，法」。「地利」雖是外部資源，但可以弄清楚而利用的，運用得當就能勝過百萬大軍，輕易地瞬間將自己的實力強化千百倍。

歷史上有名的例子有：

- 二次大戰初期法國在馬其諾布下了強大的防禦網，但納粹德國亦知馬其諾所呈現巨大地利的功效，聰明地繞道比利時而避開馬其諾防線，就如此輕易打敗法國了。
- 二次大戰英國在英吉利海峽的地利防禦下，就有效阻絕了強大納粹德國的侵犯。英吉利海峽最狹窄處又稱多佛爾海峽，僅寬 34 公里，而臺灣海峽最狹窄處寬 130 公里。如此天險的護持下，縱然中共有爲數百十倍的軍隊，如何大數量運送，又如何平安順利通過臺灣海峽？

在任何戰役中，能占據戰場上或運輸路徑的制高點，必能迫使對手在作戰、行軍時處於極大的風險，因此戰場上的制高點就是兵家必爭之地。

「地」在戰場上是用來排除對手優勢的最重要因素，善用每一種地形地物的特質，來強化自身原有的戰力。對於已占了優勢的國家，也得設立「前進堡壘」，將優勢延伸到其他重要地點。反之，在主戰場錯失「天時」的國家，就更得搶先占有領先者還力有未逮的地區。

「地利」在商場上的使用，就是懂得避堅攻虛。在進入市場之前，要先澈底了解該市場的運作道理，澈澈底底地弄清楚，由 A 到 Z 每一項因素所占的比重。再其次客觀地分析彼此各項指標的強、弱。最後決定是否有機會進入此市場？該如何進入？是鎖定他們的弱點，或嘗試改變遊戲規則，總之必須找出差別性，建立辨識度，才能分食市場。

「地利」是擁有「主場優勢」者，強加非主流市場需求的技術與裝備，或借重政治手段，像進口法規、當地安全檢驗條例、鼓動民情需求……，以排除其他對手，而成功占據特定市場。

市場上的案例有：

- 80 年代日本 NEC 提供日文的電腦操作系統，成功地將微軟領軍的 PC 群擋在日本市場之外；

- 東歐要求不同安全規定，將西方電器阻擋於門外；
- 中國依法將 Google、YouTube 擋在中國市場之外，而造就「百度」與「土豆」的本土公司。

更有許許多多的小而美公司，使用特殊技術或規格來排除外來的對手。這也是「地利」的特點，用來區隔市場的一種工具，像「利基 -niche」市場，形成局部優勢。

後起之秀想要進軍市場前，對比於盤據在目標市場的競爭者，必須確定自己是否有任何在「時間」上創新？或至少在目標「空間」上有創新的優勢，否則就只是進行資源消耗戰，類似以金錢買市場，甚至只是買了入場的資格。少了創新的優勢，單純想以傳統方式做正面進攻，即使成功是會消耗很多的資源的慘勝而已，是「勝敵而益弱」。

在現實市場上，大多數的時候、大多數的公司，都是面臨先行者已盤據在目標市場之後，還抱著分杯羹心態，只好以「攻堅」方式進攻市場。如同軍事上，「攻堅」的部隊與防守部隊要有 3 比 1 的優勢，才有機會攻下，即使成功常是「慘贏」罷了。大動作前最好要有充分的準備工作，直到最有利的時空來下手，商場上有句「以鄉村包圍城市」就是這個道理。

有一案例可以解說此避開「慘贏」的案例，在 90 年代的美國 PC 市場中，DELL 是後起之秀，為了避開自己資源少、名牌低的弱點，直接鎖定尚未成氣候的郵購市場。而當時 HP 與 Compaq 是依靠傳統主流通路，此種供應鏈需透過代理商（distributor），再到零售商，才到終極消費者。由於供應線比 DELL 多出二道，所以 HP 與 Compaq 兩家在庫存的壓力與對最終產品配備之反應是遠輸於 DELL，因此 DELL 藉由郵購市場的擴大，迅速占有過 20% 的 PC 市場，甚至有些零售商都開始轉向 DELL 下單。

採用的二階式通路是傳統主流市場的銷售體系，但當時 PC 技術正快速變化中，如此二階式供應鏈已顯出疲態，使得 HP 與 Compaq 在現金投入日益龐大，而庫存高比率變爲呆料使得資金回收率慢且低，這是變化速度加快下突顯出通路結構性的問題。雖然 HP 與 Compaq 都知道要改變此種「銷售體系」，但任誰改變，都將是把主流通路拱手讓給對方，即使兩家再怎麼努力投入新資源卻僵持不下，猶如「魚蚌相爭」無法將對方擊敗，更無法抽出資源分食逐漸日大的郵購市場。最後不是力虛而亡，就是被 DELL 掠奪更大的市場，幸而兩家終於達成購買協議。Compaq 併入 HP，而終止了各通路商予取予求的狀態，而合併後的 HP 亦可以在穩住主力市場後，而開始進攻 DELL 的郵購市場。

不像占「天時」是對一個沒有占據者的市場，做一個比別人搶先到達並無干擾下布陣。「地利」之爭是除了動腦外，還得大動手動腳一番。而其投資報酬率，最多不過是三位數的成長，而不是如「天時」5 位數以上的成長。

還有商品定價時，考慮消費者的購買心理，例如 $99 而不是 $100，就是將售價定在消費者購買決定的舒適點。將商品在不管定價在，最好的「性價比」、最便宜的價錢、最高等的技術，都是消費者購買的「決定舒適點」，這就是商品定價的「地利」。

「將」：不管在軍事或商場上，想找到一位兼有「*智、信、仁、勇、嚴*」的領導者來主持，但「千軍易得，一將難求」。即使公司靠掌握到「天時」，要成功尚需具備其他必要條件，因為成功需要一百個條件，而失敗則只需一個錯誤。商場上常流傳，某公司成功就靠某一因素，若如此，亦是百萬中取一的特例。但面臨天時、地利的錯失，公司想力挽狂瀾，自然該找一位有能力的 CEO 來突破這種窘境了。

在成功所需的眾多必要條件裡，也唯有「人」這項因素能將其他九十九個條件執行到位，尤其領導者的位子是掌握到組織內所有資源，與對內外行動的拍板控制權。天時與地利是可以爭取，但不一定可以得到，是相對因素、是不可掌控因素，而「將」是獲取成功條件中的首位絕對可控因素。

「將」軍事上的歷史例子中有：

- 戰國時代的趙國大將趙括，不知敵（秦）強我弱，使得長平之役之中，四十萬大軍全部被滅。
- 楚漢之韓信，楚霸王項羽用他為禁衛軍，而漢王劉邦靠他打天下，制服項羽的關鍵人物。

同樣「智」是選「將」的最重要因素，不是找「只知其然」的將領，將領除了有經驗外還得確實領悟經驗背後的道理，「智」是「知其然，亦知所以然」的能力。人都是從過往的經驗長了見識，為什麼人類的科技能長足進步，因為科技的書本記錄了眞實！為什麼人類的災難不斷，因為歷史從沒有完全眞實紀錄，有造假、有隱藏的地方！這就像病人隱瞞了眞相，則再高明的醫生都很難根治病源。領導者的耳目要能一直打開，聽看的眞相才能上了心，能力才得發揮。

有了「智」的條件後，才能再談「信、仁、勇、嚴」。個人認為其他四項是「智」的進一步細分。若要細談，則要強調

「嚴」，「嚴」是「嚴於律己」的領導者，而其表現尤其在執行力上面。

「將」在商場上的例子，首選是蘋果電腦的董事會從百事可樂公司找來一位管理見長的 CEO，來處理高度以技術導向的競爭市場。結果逐出 Steve Jobs 後，對技術導向的競爭市場「不知所以然」，蘋果電腦就完全無法恢復原先蘋果的特色，也失去原有客戶的忠誠度，市場占有率由最早 20% 降到 6%，再到 4% 不到。所幸蘋果電腦在此更危急的時刻找回 Steve Jobs，對蘋果已積弱不振的 PC 市場立刻與 Microsoft 求和，把騰出的資源投入新的市場——MP3 播放器，憑著原有高品味的工藝設計與軟體系統能力——iTunes，2002 年蘋果電腦就以 iPod ＋ iTunes 跨界橫空進入消費電子市場，尤其提供線上音樂商店的創新商業服務，其帶來的加值型利益就大大超過硬體的 iPod。成功後，2007 年再以蘋果電腦的特色，造出以功能（而非成本）導向的強大裝備、超強大的 App 生態、創新而高品味的全觸屏，完全讓人驚艷的 iPhone 就如此劃時代的出世，為蘋果電腦另闢出一條康莊大道，接著 2010 年以 iPad 的平板電腦回頭分享筆記型電腦的市場。結果蘋果電腦不但跨足到音樂、手機的新領域，電腦也起死回生而坐擁高端市場領域，就因任用 Steve Jobs，蘋果電腦得以茁壯成多領域龍頭的蘋果公司。

由資料顯示，Steve Jobs 除了「智」與「嚴」的強項外，其他的條件相當差，至少他是由於沒有「仁」這項的理由下被逐出。若是如此，要選到此五項齊全的領導者，即使提著燈籠去找，只怕難上天。

「法」是在軍事、商場或任何組織上都需要的各項制度，是用來實現各項運作功能的工具。

「法」的歷史例子中有：

- 戰國時代商鞅變法使秦國富強，爲秦始皇統一中國奠定了基礎。
- 日本明治維新，建立三權分立的政府，實現國家工業化，教育大規模改革，由封建體系「脫亞入歐」進入現代化體系而強國。

沒有一種法（制度）可以適用所有行業、涵蓋各個範圍，更不能歷時空而不變。法是無法閉門造車的制定，是依天時？依地利？還是依人和來制定？是配合公司的現況？還是超前部署以利未來發展？基本上，「法」的制定是順勢而爲，窒礙難行時就得修法來脫胎換骨，讓法的目的能夠重新實現，而不是堅持過時的舊法。

要更好的明天，組織內就要有「眞」的態度；要讓組織由盛而衰，就讓領導者墮落，只要周圍的親信盡說些領導想聽的話。所以領導者能否統合團隊的能力，在於有善聽的能力否？只要建言是眞心話，即使想法不成熟，善聽才能把垃圾中的黃金提煉出來。誠實看待過往作爲的對錯，認清接受當下的事實，對的才能持續，錯的才會著手改進，如此開始有了「善」的能力，日復一日的精進，終究會在努力的議題上，達到「美」的境界。

「法」的制定是讓組織脫離人治，而將競爭力完全發揮更好、更久，達到長治久安。在天時地利的效應已過，從篳路藍縷帶到康莊大道的領導者已不在，企業還能永續經營，就在於「法」的發揮得當。在成功之日，領導者能從艱辛的過程裡，萃取出成功的精神（形而上者的道），而化爲公司的座右銘

（slogan），以便日後執行法（形而下者的器）卻沒有預期的好結果時，就可由座右銘檢驗形而下者的法還適用嗎？而知道是「法」該改變的時候。大多的企業從成功的狀態，隨著時空的改變，跨不過生老病死的鴻溝；而偉大的企業，就是能把不變的目的與可變的手段都融入「法」的制定。

偉大的企業不以昔日成功的手段，作為不可挑戰改變的目的。任何行之再久遠的「法」在時空改變下，都可能會窒礙難行——窮，窮則變，變的對象是形而下者之器——手段，為的是形而上者之道——不變的目的，變則（有機會）通，（一旦）通則久，（終有一日）久則窮。「變—通—久—窮」就是企業的生老病死，窮是病、不知變的對象就是等死，唯有企業懂得「變—通—久—窮」而順勢蛻變，才能由成功跨越企業「生老病死」的鴻溝到偉大——永續經營。

還有「法」需要有 80%「常態管理」與 20%「非常態管理」的觀念，尤其組織與外界折衝的最前線，突發狀況不但是頻率高、差異大，而且處理必須明快，這種單位需有彈性的授權機制，容忍「正」與「奇」的交互使用，則遇到危機時才有轉機的正面的機會。

而有授權就必須有檢驗，尤其對與預期大不同時，就需對目標與手段的因果關係重新檢驗。下面要談的「道」就是在危機過後，對危機個案與整體戰力的檢驗，「道」有如憲法，需與時俱進的詮釋，以捍衛其內涵。

茲所以最後才談最重要的「道」，是孫子兵法對「道」的定義描述地非常傳神，是整部兵法形而上的目標，「天、地、將、法」是評估「道」的最高指標，「天、地、將、法」是具體實現「道」的手段。

「*道者，令民與上同意，可與之死，可與之生，而不畏危也*」。在軍事上要能戰勝敵軍，缺少「道」的優勢，即是算盡了「天時」，占盡了「地利」，而有孫子、孔明再世的將才，有再好的各種制度系統、最佳的裝備，但得不到民心的支持，再多的優勢、資源，終究會面臨失敗的收場。

最簡易不過的例子：

上世紀 70 年代美軍在越南的戰爭，軍人、百姓不知為誰而戰、為何而戰。國家領導者要打，百姓卻要停戰；軍人想贏，領導者卻只要戰而不贏。即使美國的國力是百、千倍於越南，最後犧牲幾萬軍人生命，也耗盡上千億美元，還是無功、無顏而返，是「民不與上同意」的典型負面範例。

同樣在 2022 年 2 月 24 日，俄羅斯總統普丁以「非軍事化、去納粹化」的藉口，派遣俄軍入侵烏克蘭，為第二次世界大戰後歐洲最大規模的侵略戰爭。原本大家都認為烏克蘭總統會跑走、俄軍幾週或幾天內就會占領基輔、甚至全境，結果烏克蘭總統與各階層都沒跑走，全國上下軍民團結一起抵抗俄軍的入侵毫不退縮。相對於烏克蘭的高昂士氣，擁有眾多先進武器、眾多兵力的俄羅斯，不但久攻無進展，國內反戰的聲浪由原先的知識份子，開始擴及到各階層的百姓，連在戰場前線，棄甲投降的士兵不在少數，烏克蘭不但沒有退縮，九月以來還接連收復幾千平方公里的土地，逼得俄羅斯發出動員令。所以俄烏戰爭是「民與上同意」的烏克蘭，對抗「民不與上同意」的俄羅斯，其勝負結果就不是武器優劣、人員多寡、土地大小等指標所能決定的。

邱吉爾曾指責張伯倫：「英國爲了避免戰爭而選擇恥辱，但選擇恥辱後還是無法避免戰爭」。歷史紀錄著：日本軍閥兼併中國東北、納粹德國兼併捷克蘇台德區、俄羅斯兼併克里米亞，都只是一連串惡行的開端，而侵略者之理所當然地得寸進尺，是因爲周遭各國選擇恥辱的沉默。

「社會的沉淪不是少數壞人的作惡，而是多數好人的沉默」。同樣，烏克蘭的危機不在俄羅斯的恫嚇，而是之前民主國家選擇了沉默；烏克蘭危機的翻轉不在俄羅斯的醒悟，而是烏克蘭人民英勇地站出來抵抗入侵，喚醒了世人與俄羅斯百姓、團結了分歧的北約與世界各民主國家。同樣台海眞正危機不在強鄰的恫嚇，而是台灣人民知道站起來反對、民主國家能否站出來警告，讓侵略者知道武力的進犯，不但不會成功，還會遭受世界各國全面性的嚴重制裁，與全球人民的唾棄。

在商場上，公司「有道」就是員工對公司的向心力、客戶的忠誠度。公司上下對公司的信心有如宗教家近偏執的狂熱，不管公司是剛成立、或正遭受到對手嚴重的攻擊而受傷，還是認爲公司未來會宏圖大展。所以「道」應該是「天、地、將、法」的綜合指數，不管公司是否占了「天時」的先機、擁有「地利」的優勢、或是有了如「神」的領導者、或是公司的「升遷獎勵」制度能使員工已疲乏的身心一再充實，這些結果都會轉化爲「道」的綜合指數。有道的公司必然戰無不勝、攻無不克，即使一時的敗亦不潰。當一個組織可以產生此種「無形」的意志力，則誰能搶奪、摧毀這種操之在我的因素呢？所以企業的永續經營就是檢驗是否保持「道」的優勢，不用捨本逐末或以偏概全僅在「天」、「地」、「將」、「法」上檢驗有無優勢。總之，「道」是國防、經商的最高「目的」，任何行動要檢驗是否可以獲得內部家人（百姓、員工）的向心力與外部家人（征服國的百姓、消費者）的滿意度，而「天、地、將、法」是此最高目的下的「手段」罷了。猶如 Steve Jobs 早已離世，原天時效應已過，員工還是以蘋果爲榮，「鐵粉」還是堅持蘋果的產品。有了員工的向心力、客戶的忠誠度，公司能經營有道，永續經營就是水到渠成。「道」這個指標永遠是最眞實有效的指標，只要看看員工／合夥人的士氣是朝氣勃勃還是暮氣沉沉，大致決定這家公司的未來，得人心者得天下，在政治、在戰場、在商場皆是如此。

當然，極權國家如朝鮮與中國的窒息控制，絕對操縱民意而殘忍地封殺異己，這種由外力壓制內心所呈現的表象，也能維持「*令民與上同意，可與之死，可與之生，而不畏危也*」的一時結果，只是人民付出的代價是極其的慘痛，而國家大部分的資源都在維持虛假的表象，體質自然是外強中乾。「*主孰有道？*」在現代政治上就是民意，國家能否以民意爲重，就決定了國家能否發展的基本盤，領導者或國家體制無「道」，或許能有「*令民與上同意，可與之死，可與之生，而不畏危也*」的結果，終究不是由內而外，形成歷久彌新的向心力；無「道」的管控力是由外而內的壓制力，不但無法永久遍及所有成員，而且一旦管控力失控或減弱，積久的民怨必然反擊管控力。

另一個重點是：「兵者，詭道也。」

商場上如戰場。若所有戰爭都能以數據來決定勝負結果，那就天下太平。事實上，以眾擊寡、以強淩弱是眞理，但對有能力的領導者，有許多事情並不是分析表面數字就結束或放棄了。譬如我們面對高二倍、力氣大十倍的巨人，是不是就沒法贏他？似乎如此，但是如果能在對陣前幾秒，把巨人眼、耳的功能屏障掉，再盡全力攻擊巨人的罩門，則倒下的是無能的一方。

所以「勢」不如對手時，就得極力避免攤牌，直到想出辦法改變這個「勢」。即使改變僅僅只有幾天、幾個小時、幾分鐘、幾秒鐘，只要攤牌對決時夠用就可以了，所以*能而示之不能，用而示之不用，近而示之遠，遠而示之近。利而誘之，亂而取之，實而備之，強而避之，怒而撓之。卑而驕之，佚而勞之，親而離之，攻其不備，出其不意，*這些都是教我們在對決前形成「勢」的主客易位，在攻擊當下的時、空，只要針對對手弱點在關鍵時刻，以眾擊寡、以強淩弱，剎那就成永恆。就像淝水之戰，前秦擁有「投鞭於江，足斷其流」的絕對優勢，而在爾虞我詐下，東晉八萬軍隊把八十萬前秦大軍打到「風聲鶴唳」、「草木皆兵」的勝利。所以詭道雖是難登大雅之堂，但在戰場上都是實用之道，伺機使用欺敵的詭道，就可增加自己的獲勝率，兵者非王道。

在戰略上要王道，在政治、國防、經濟等國家長期治理上要依「*道、天、地、將、法*」來評估與指引，千萬不要依賴類似「三十六計」帶來小確幸，即使在戰術上行使詭道，也不能永遠行之，一定要適時、地、人、物而採用後還原。後面章節會提到，奇兵制勝後，不能久處，需立即轉奇為正，否則將置奇兵於死地。

作戰篇

孫子曰：凡用兵之法，馳車千駟，革車千乘，帶甲十萬，千里饋糧，則內外之費，賓客之用，膠漆之材，車甲之奉，日費千金，然後十萬之師舉矣。孫子說：用兵作戰之前需準備戰車千輛、運載輜重的車千輛，全副武裝的士兵十萬，糧食運送千里之外，還有軍隊裡外的各項開支，參謀、幕僚的費用，膠漆等武器維修材料，車輛、甲冑的保養零件等等，每天得消耗千金，如此準備後，十萬大軍才可出發上戰場。

其用戰也勝，久則鈍兵挫銳，攻城則力屈，久暴師則國用不足。因此開戰結果就要求勝，戰爭拖久則軍隊必然疲憊、銳氣挫失，攻城則兵力必大量耗損，長期在外作戰必然導致國家財用不足。

夫鈍兵挫銳，屈力殫貨，則諸侯乘其弊而起，雖有智者不能善其後矣。如果軍隊因久戰疲憊不堪、銳氣受挫，軍力耗盡、國內物資枯竭，原沒參戰的諸侯必定趁火打劫，此時即使足智多謀之士也無良策可改善此後果。

故兵聞拙速，未睹巧之久也。所以作戰中只聽說戰略是以速勝而努力，沒有見過持久戰的巧妙。

夫兵久而國利者，未之有也。故不盡知用兵之害者，則不能盡知用兵之利也。從來沒有曠日持久的戰爭會有利於國家。所以不能深切了解戰爭的害處，就不能全面了解用兵的**輕重急緩**。

善用兵者，役不再籍，糧不三載，取用於國，因糧於敵，故軍食可足也。善於用兵的人，（能做到）徵兵一次募足，軍糧不用多次運送。武器裝備由國內供應，糧食從敵人那裡奪取，這樣軍隊的糧草就可以充足了。

國之貧於師者遠輸，遠輸則百姓貧；國家之所以貧困是由於軍需的遠距離運送，由於長途運輸本身的消耗與路途的風險，必然導致百姓貧窮；

近師者貴賣，貴賣則百姓財竭，財竭則急於丘役。駐軍附近的物價必然高漲，物價高漲就導致百姓財物枯竭，接著國家財力也會枯竭則導致賦稅和勞役必然加重。

力屈財殫，中原內虛於家，百姓之費，十去其七；打戰使得國力耗盡、財源枯竭，不但家家人空財虛，百姓財產損耗十分之七；

公家之費，破軍罷馬，甲冑矢弓，戟盾矛櫓，丘牛大車，十去其六。而且國家的財力損耗，由於車輛破損、馬匹疲憊，鎧甲、頭盔、弓箭、矛戟、盾牌、瞭望高樓、牛車的損失，已耗去十分之六。

故智將務食於敵，食敵一鐘，當吾二十鐘；所以明智的將軍，一定要在敵國當地解決糧草問題，從敵國取得容量一鐘的糧食，等同從本國取用二十鐘；

忌稈一石，當吾二十石。在當地取得重量一石的飼料，相當從本國取用二十石。

故殺敵者，怒也；所以士兵會殺死敵俘，是因爲憤怒；

取敵之利者，貨也。若要奪取敵方可用的資源（作爲己用），就必須以繳獲的成績來獎賞士兵。

車戰得車十乘以上，賞其先得者，而更其旌旗。例如搶奪十輛以上的敵車，就獎賞給最先搶得戰車的部隊，而換上我方的旗幟。

車雜而乘之，卒善而養之，是謂勝敵而益強。如此奪得的戰車就可爲我方使用，同理，俘虜的敵軍就不殺害，更而善待使之歸順，這就是戰勝敵人而能使自己越發強大的祕訣。

故兵貴勝，不貴久。故知兵之將，民之司命，國家安危之主也。所以作戰最重要是速勝，最不宜的是曠日持久的僵持。懂得用兵之道的將帥，間接掌握著民眾的的生死，也主宰著國家的安危。

心得分享

有別於〈始計篇〉以宏觀角度，對一個國家、一個公司競爭力的整體評估，與永續經營之指標。〈作戰篇〉是討論國家在發動一場「攻擊性」的戰爭前，要從負面表列做起，由動員計畫、所需準備的資源、後續補給、到確定作戰的目的——「*勝敵而益強*」，才能有愼於始而善於終的結果。

〈作戰篇〉首先明確指出，在進攻之前，需要確實評估出來戰勝所需的資源。這猶如劈材之前，要衡量此木材的紋路、硬度，與施力點，當力道下去，才可以「勢如破竹」般地劈開木材，否則劈材的作用力會反彈爲「反作用力」而傷了自己。所以說「*不盡知用兵之害者，則不能盡知用兵之利也。*」，對此強調「*戰也貴勝*」。

在戰爭史上，60 年代美軍在越戰沒有審愼的戰前評估，冒然投入不足的兵力與資源，結果不但沒有擊潰北越，更實戰訓練了敵軍，即使後來一再增兵、擴充裝備，最終仍然以敗北收場，使得美國在國際的威望大爲受損，這就是一個典型負面範例。這猶如醫病時，使用不足的藥或不對的醫療方法去殺病毒，沒有正確的「對症下藥」，不但病毒未清除，還使病毒具抗藥性，結果元氣衰弱而成爲慢性病。

越戰後美國記取失敗的教訓，不再打沒有把握的戰爭，若要打就做必勝的準備，所以在科威特、阿富汗與伊拉克戰爭中，都是做到「三軍未發，糧草先行」。其戰前的資源準備、作戰的戰略、過程的戰術均是如行雲流水，達到「*戰也貴勝*」。

〈作戰篇〉的目標是「*勝敵而益強*」，執行原則是，先期準備：「*役不再籍，糧不三載*」；後續補充：「*取用於國，因糧於敵，故軍食可足也。取用於國，因糧於敵*」；前線交戰：「*戰也貴勝，不貴久*」，「*取敵之利者，貨也*」；「*卒善而養之*」。

但美國無法占領中東國家，如同前蘇聯無法併吞整個東歐，無法確實「*卒善而養之*」，頂多扶植代理人，離作戰的目的──「*勝敵而益強*」有些距離。

在商場上〈作戰篇〉可運用在進行商業行爲前的準備，是適用於一群人想創建一家公司、或已站穩主市場，而想設立子公司作爲前進據點、或侵入另一個市場而使用的第二名牌，甚至想擴展到另一領域、行業時，都得評估進入市場所需要的各項資源。人力、財力與物力，並明白「進攻」是爲了「獲取」，但在「獲取到」之前所需耗損的巨大資源，是否會傷到自身的安危與存亡？「每興一事，未蒙其利，先受其害」，所以在進攻市場之前，就要確實自己有足夠的資源，能承受這場「戰爭」否？拿破崙曾經提到戰爭致勝之道是「第一是錢，第二是錢，第三還是錢」。雖然這是因爲拿破崙已掌握其他的制勝要訣，其「成功」的瓶頸是「錢」，但錢對於任何「戰爭行爲」或進攻新市場、進入新事業，均是一個基本且必要的條件，沒有它，就沒有進場的入場券。

再以幾年前蘋果公司的成功爲例，蘋果由電腦界進攻 mp3 市場一舉成功！切入智慧型手機市場又成功！再創立 iPad，將電腦、手機與 mp3 等整合於一，不但複製成功模式而且一魚多吃。想想在企圖進入新市場之前，蘋果需做好各項的準備工作內容，內部眾多工作不說，最難的是外部合作夥伴的協調，像產品在銷售先期與後續的計畫、各家音樂代理權的協調與售後服務等支援、市場媒體的造勢工作、各通路的銷售 鋪貨合約，都得絲絲入扣，沒有死結或瓶頸、沒有遺漏疏失，而這些準備都得在產品開始銷售的六個月到 1 年前就逐一展開。如此艱難的內外合作事宜，都在 Apple 對整個作戰前計畫得宜，且確實符合自身的能力、市場需求，才能展現今日的風貌。

Apple 從 iPod、iPhone 到 iPad 的幾個進攻已存在市場與開創新商場上，均是完全符合〈作戰篇〉的精神。在此強調其成功結果外，也用許多臺灣不成功公司之通病來對照說明。許多臺灣公司的負責人都明瞭自己公司的優點，但不知對手的強弱，也就忽略了公司的缺點，計畫時都是正面表列。所以計畫上沒有在時間、預算、人力做確實規劃。沒有負面表列，就忽視潛在危險因素的危害，故沒有做即時監控，也沒有B計畫與預備軍的配置。即使在公司各部門的橫向合作，常常環環不得相扣。

現在仍有許許多多公司，即使處於市場成熟期，在草擬新產品計畫時瞻前顧後，以怕消息走漏爲由，大都閉門造車，不和市場的專家或夥伴討論。在規格、時間、市場定位多不敢透露給目標市場的合作夥伴下，結果常是目標市場需求、自身設計能力、上市時間、推廣方向都偏差了或過度樂觀而簡化，自然產品在銷售的效果非常有限，也耗損掉公司寶貴的資源。這導致臺灣公司大都只能做代工賺取微薄的利潤，而不能做品牌行銷。

臺灣公司做不好品牌行銷是「計畫趕不上變化，變化常不如一通電話」的感嘆，這大多是作戰前計畫不足，以及沒有採用**「逆向思考」**的弊病，而「逆向思考」可從時、空兩方向做起：

1. 時間軸的「逆向思考」：跳到成功的當下，從時間軸上以倒退方式列出成功所需要的所有必要條件，檢驗具備所有必要條件否？能及時準備所缺少或不足的必要條件否？

2. 空間軸的「逆向思考」或「換位思考」：跳到對手的位置，列出可能攻擊與防守的計畫，擬出對策與沙盤推演可能的結果，進行所謂的超前部署。若能夠做到超前部署，則作爲時就可舉重若輕，這是〈軍形篇〉提到「勝兵先勝而後戰」的概念，所以能面臨各種嚴峻的考驗後，都能百戰不殆。

雖然本篇的名字爲〈作戰篇〉，但個人認爲〈出征篇〉更爲恰當，對進攻須知「*兵貴勝，不貴久*」，這是因爲在客場作戰，其後續補充所消耗的資源上，要比占主場優勢的對手多費了許多倍才有相等效果，在事倍功半下，一旦僵持著而進入資源耗損競賽，非死也重傷，認賠殺出的議和是「兩害取其輕」，一定要避免落入資源耗損的僵持。反之，主場一方對遠來的客敵，首先讓客敵無法就地取糧，消耗的人員與物質都無法當地補充，迫使千里迢迢運送，就可立於不敗之地。就像 1812 年的俄法戰爭中，俄國實行焦土戰略，把法軍途經之處燒得一乾二淨，即使拿破崙功占了首都莫斯科，卻無法做到「*因糧於敵*」，俄國澈底打亂拿破崙速戰速決的計畫，俄國以退爲進的戰略贏得最後勝利。商場亦是如此，在主場面對強敵壓境可降下身段，認眞破解新來者的攻擊招式，讓他無法找到好的夥伴、更無法賺到錢。主場方如果無法速勝來敵，則可以考慮用資源耗損戰來對付遠地而來的對手，等退敵之後再逐漸恢復原有的模式。

〈作戰篇〉的前篇是戰前的準備，說明主事者要擬出整個計畫的劇本，對先期與後續所需的人力、物力、財力，都能事前全盤估算，尤其是能精準對應上整個計畫的時間軸，使得日後計畫在執行上，人、物、地、時，絲絲入扣有如按表操課。Intel 早年成功之道，可以簡而言之，就是當時 Intel 對外的座右銘「Intel Delivery」，它強調出當時電腦行業的決策的重點。80 年代 CPU 作爲電腦行業的核心還是處於百家齊鳴，所以各電腦公司一旦決定採用那家 CPU 作爲產品的核心配備時，也決定了產品長期的競爭力。所以決策者不只看現在的 CPU 能力來做決定，還要看

CPU 廠未來能否提供一系列有競爭力的規格、價錢與按時的交貨期。而 Intel 不僅知道要提供當時有競爭力的 CPU，且對未來 CPU 的發展計畫，尤其規格、時間都一一表列清楚，對電腦公司強調「Intel Delivery」的承諾，而經由確實履行承諾而贏得客戶的信任，而日後對終極消費者喊出「Intel Inside」的品質保證標誌，更進一步幫助客戶做行銷到終極消費者的工作。

〈作戰篇〉的後半篇是強調進入市場後，需「*因糧於敵，故軍食可足也。*」就是要取用當地資源，除了省去母公司的資源調配與水土不服的問題，而且可以化當地的阻力爲助力，有二十倍於使用母公司資源的效果。

這是許多臺商需學習的地方，想跨足到其他領域做多角化的事業，要確定原有與新設立的事業群能做相互支援，否則要在適當的時機做切割，避免兩人三腳跑步，想快卻相互拖絆。Apple 跨入新的領域後確實做到「*役不再籍，糧不三載*」，能做到此原則，確實做到「*因糧於敵*」是重要因素。蘋果電腦的新事業所獲得的利潤不但得以轉動與發展新事業的能量，其新的經營團隊能融入公司的經營理念，這是跨入的新產業達到「*勝敵而益強*」，使整個蘋果公司更強大。

「*取用於國*」是針對主體的持續，像裝備規格、指揮體系都得維繫統一性，這是以戰爭擴張型態的融合準則，但在任何新事業都因爲其產品、市場，甚至所需要的人才、制度都有其獨特性，行動前一定要針對目標市場找到所需要的專業人士，且新進人員還能依據公司的各項能力、企圖提出可行的計畫，這難度在於新、舊能否整合成功。這雖是簡單道理，但在現實上亞洲公司僱用本國新人是容易做到「*更其旌旗，車雜而乘之*」，但在國際化、跨入新行業中做到「*卒善而養之，是謂勝敵而益強*」，就是要克服「文化差異」的過程，是硬傷的消除，而這是許多亞洲公司的最大挑戰。

謀攻篇

孫子曰：夫用兵之法，全國爲上，破國次之；孫子說，作戰計畫的法則是勝利且得到完整的敵國是上策，用武力擊破敵國就次一等；

全軍爲上，破軍次之；使敵人全軍（12,500 人）降服是上策，擊破敵軍就次一等；

全旅爲上，破旅次之；使敵人全旅（500 人）降服是上策，擊破敵旅就次一等；

全卒爲上，破卒次之；使敵人全卒（100 人）降服是上策，擊破敵卒就次一等；

全伍爲上，破伍次之。使敵人全伍（5 人）降服是上策，擊破敵伍就次一等。

是故百戰百勝，非善之善也；所以百戰百勝，還不是最高明的勝利；

不戰而屈人之兵，善之善者也。不通過交戰就降服敵人，才是最高明的勝利。

故上兵伐謀，其次伐交，其次伐兵，其下攻城。所以上等的軍事行動是用謀略打敗敵人（禍起蕭牆的內亂分裂，而不戰而贏），其次就是用外交（聯合友軍）打敗敵人，再次是讓敵軍無法利用地利而敗北，最下策是攻打有高城地利的敵人。

攻城之法，爲不得已。攻城是沒有其他辦法才爲之的辦法。

修櫓轒轀，具器械，三月而後成；製造（藤草）大盾牌和四輪車，與準備攻城的所有器具，這得花三個月；

距堙，又三月而後已。堆築攻城的土山，又得花三個月。

將不勝其忿而蟻附之，殺士卒三分之一，而城不拔者，此攻之災也。如果將領無法控制情緒而命令士兵如螞蟻般爬牆攻城，即使士兵死傷三分之一，城池可能還攻不下，這就是攻城帶來的災難。

故善用兵者，屈人之兵而非戰也，所以善用兵者，屈服敵人不用通過打仗，

拔人之城而非攻也，拿下敵城不用通過攻城，

毀人之國而非久也，擊敗敵國不用通過久戰，

必以全爭於天下，一定要用完善的策略來爭勝天下，

故兵不頓而利可全，使國力兵力不受損失，而獲得完整的利益，

此謀攻之法也。這就是謀攻的法則。

故用兵之法，所以作戰的原則是，

十則圍之，我十倍於敵就實施圍困，

五則攻之，五倍於敵就實施進攻，

倍則戰之，二倍於敵就做腹背夾擊，

敵則能分之，勢均力敵則用切分以利各個擊破，

少則能逃之，我兵力少則逃離，

不若則能避之。我兵力弱則避免作戰。

故小敵之堅，大敵之擒也。如果弱小還自以爲堅強而硬拚，那就會成爲強大敵人的俘虜。

夫將者，國之輔也。將帥是國家的輔助。

輔周則國必強，輔助謀略周密則國家必然強壯，

輔隙則國必弱。輔助疏漏失當則國家必然衰弱。

故君之所以患於軍者三：還要注意國君對軍隊有三種危害：

不知軍之不可以進而謂之進，不懂軍隊不可以前進而下令前進，

不知軍之不可以退而謂之退，不懂軍隊不可以後退而下令後退，

是謂縻軍；這叫做束縛削弱軍隊；

不知三軍之事而同三軍之政，則軍士惑矣；不懂軍隊的運作系統而插手三軍之政務，則將士們會困惑而無所適從；

不知三軍之權而同三軍之任，則軍士疑矣。不懂軍隊戰略戰術的權宜變化，卻干預軍隊的指揮，將士就會疑慮。

三軍既惑且疑，則諸侯之難至矣。是謂亂軍引勝。軍隊困惑而疑慮，諸侯就會趁機進攻。這就是自亂軍隊陣腳而坐失勝利的機會。

故知勝有五：預見勝利可從五個方面來檢驗：

知可以戰與不可以戰者勝，能準確判斷戰役能不能開打；

識眾寡之用者勝，懂得依據敵我雙方兵力的多寡強弱來採取對策；

上下同欲者勝，全國、全軍能上下同心協力；

以虞待不虞者勝，以充分準備來對付沒有準備；

將能而君不御者勝。主將有能力、君主不加干預，

此五者，知勝之道也。從五個方面就可預測勝利了。

故曰：知彼知己，百戰不殆；所以說：了解敵方也了解自己，每一次對戰都不會有危險；

不知彼而知己，一勝一負；不了解對方只了解自己，勝負的機率各半；

不知彼不知己，每戰必敗。既不了解對方又不了解自己，每戰必敗。

心得分享

軍事行動是政治的延伸，即使雙方爭執最後是訴諸於戰爭，還是要確定戰爭在牟取政治的利益，而不是在殺戮與摧毀。因此〈謀攻篇〉是延續與達成〈作戰篇〉所要求的「*勝敵而益強*」，所以在決定軍事行動之前，先謀求如何取得敵方所有資源的完整勝利。首先明白……

百戰百勝，非善之善也；不戰而屈人之兵，善之善者也。

基於此目標，孫子兵法指出國家征戰的戰略順序是，先政治

作戰，不得已才軍事作戰：「*上兵伐謀，其次伐交，其次伐兵，其下攻城。*」尤其攻城即爲攻堅，不但需要耗費許多物力、時間，且結果是雙方死傷均重，所謂「殺敵一萬，自損八千」的慘贏狀況。儘可能不戰而屈人之行動，達到「*兵不頓而利可全*」。

上兵伐謀

南宋時金人威脅要送回徽欽二帝，趙構就夥同秦檜以「莫須有」的罪名殺害了岳飛，不戰而贏了岳家軍。戰國時代秦國開始擴張後，用各種謀略離間六國的合作，阻止了合縱抗秦，最後一一併吞了各國。像國民軍在北伐戰爭中，雖可力取東北關東軍，但仍不斷以政治力量對其內部勸和，最後不花一彈一卒，使整個東北易旗於國民政府的旗幟下，這就是上兵伐謀，達到不戰而勝的目的。

其他許多戰役尾聲都不乏這種結果。像施琅率清兵功打臺灣時。在決定性勝負後，亦以同意保全鄭成功子孫而受降，避免雙方無畏的犧牲。當然歷史亦有許多負面案例，明明可以用政治力解決，而卻執意殺得兩敗俱傷的慘狀。

在商業行爲上，就應該認清生意的目的是獲利，而占有率、銷售額、打廣告、占利基市場、薄利多銷等等都是手段之一。獲利目的是不可變的，手段是用來達成目的，是可以因時、地、人而異的。而在西方商場上，當產業成長期後，獲利的手段大都不是經由銷售競爭，而轉爲 Acquire and Acquisition 的合併行爲，在亞洲卻執意殺得兩敗俱傷的慘贏。

有一在 PC 市場上的案例可以解說此避開「慘贏」的案例。

在 90 年代的美國 PC 市場中，DELL 是後起之秀，爲了避開自己資源少、名牌低的弱點，直接鎖定尙未成氣候的郵購市場。而當時 HP 與 Compaq 是依靠傳統主流通路，此種供應鏈需透過代理商（distributor），再到零售商，才到終極消費者。由於供應線比 DELL 多出二道，所以 HP 與 Compaq 兩家在庫存的壓力與對最終產品配備之反應是遠輸於 DELL，因此 DELL 藉由郵購市場的擴大，迅速占有過 20% 的 PC 市場，甚至有些零售商都開始轉向 DELL 下單。

採用的二階式通路是傳統主流市場的銷售體系，但當時 PC 技術正快速變化中，如此二階式供應鏈已顯出疲態，使得 HP 與 Compaq 在現金投入日益龐大，而庫存高比率變爲呆料使得資金回收率慢且低，這是變化速度加快下突顯出通路結構性的問題。雖然 HP 與 Compaq 都知道要改變此種「銷售體系」，但任誰改變，都將是把主流通路拱手讓給對方，即使兩家再怎麼努力投入新資源卻僵持不下，猶如「鷸蚌相爭」無法將對方「消滅」，更無法抽出資源分食逐漸日大的郵購市場。

最後不是力虛而亡，就是被 DELL 掠奪更大的市場，幸而雙方都認知到要獲得最大的利益不是靠競爭，而是用合作，合而爲一的公司是「*兵不頓而利可全*」。Compaq 併入 HP，而終止了各通路商予取予求的狀態，而合併後的 HP 亦可以在穩住主力市場後，而開始進攻 DELL 的郵購市場，有了更高的市場占有率，而且獲利更高、費用更低，是一個完美案例。還有 X.com 與 PayPal 兩家線上銀行，當年在彼此的利潤都得投入行銷費用，以應付難分難解的肉搏戰時，爲免於空有市場占有率，而無對等的好利潤，兩家願意合併成一家，造就 PayPal 如今能一直在西方世界享有獨特的占有率與利潤。

商場上，有許多擁有專利權的公司，對侵權公司都是採用透過律師存證信函，甚至先告上法庭。但其目的是招而安之，細水長流做法，非一味地想置之於死地，否則常會是敵不退而自己亦得不到眞正的好處，這就是「上兵伐謀」。

在臺灣商場上的負面例子還是遠勝於正面例子，尤其是「成者爲王，敗者爲寇」或「寧爲玉碎，不爲瓦全」的觀念作祟，所以常常打得精疲力盡，而整個公司資源都陷進去，也無力攻打其他市場。反觀許多國際大廠在市場尙未進入成熟期，就開始採用「併購」策略來擁有更大的市場占有率與更大的獲利。有時巨型公司間的「併購」行爲都必須得到國家的准許，而美國更以反托辣斯的理由來支解巨型公司，就可間接了解「上兵伐謀」的巨大作用力。

其次伐交

像二次大戰前夕，1938 年德義英法四國首腦在「慕尼黑協定」中，規定把蘇台德區「轉讓」給德國，納粹德國甚至不用出一兵一卒就拿下捷克的蘇台德區。隔年納粹德國在攻打波蘭前，也先與蘇聯達成瓜分波蘭的協議，才進攻波蘭。使得波蘭多年的備戰，經不起納粹德國幾個星期的攻擊而潰敗。戰國時代的樂毅統率五國聯軍伐齊，大敗齊軍後再獨立拿下齊國首都與絕大部分的城市。在燕惠王繼位後，田單以反間計放出謠言，使燕國自毀長城用騎劫代替樂毅，田單採用了上兵伐謀，爲復國大業打開大門。

多年前 PC 業界中的 Intel 每當有新產品要上市前、發表時，必然派最高主管親赴臺灣向各大 PC 廠說明，希望眾多臺灣 PC 廠能將其晶片率先 design in，則是伐交的作爲，以借力使力阻擋其他晶片廠商，輕易擁有更大的市場占有率。

像昔日 Sony 與 Panasonic 的 Beta 與 VHS 大戰，與 IBM 與 Compaq 的 MCA (Micro Channel Architecture) 與 EISA(Enhanced ISA) 之爭，Panasonic 與 Compaq 都是利用伐交來結合「敵人的敵人」成爲策略盟友，而打敗首要強敵——Sony 與 IBM。

在商場伐交是處處可見，許多大廠商就是與互補型的廠商建立所謂「策略聯盟」、「戰略夥伴」，而在亞洲的工廠端也大量使用外部資源，此種專業而分工的做法，源自競爭快速而慘烈的商戰中，供應鏈裡任何一環節的缺陷，在競爭高壓力下必被擊潰。所以商場更是高度注重「競合」、「雙贏」，就是戰略上採用伐交的最高境界之一。

「伐謀」是將對抗的勢瓦解掉，「伐交」是結合外勢增加勝算，都是不耗掉自己的資源，來強化自身競爭的態勢，既可降低風險，更而預告了勝負的結果。伐謀、伐交都是採用政治力來處理競爭，是所謂「無煙硝的戰爭」，個中的勝者是「*無智名，無勇功*」，卻是戰爭中的善之善者也。

其次伐兵，其下攻城

即使不得已要靠作戰來獲取勝利，進攻要找準備不及的部位。最下等的作戰方式是進攻準備充分周全，而擁有高城深池防禦的部位，結果都是事倍而功半。南宋與元朝之間的一次重要戰役襄陽之戰，南宋死守襄陽—樊城長達 5 年，利用堅固的襄陽高城抵抗，是南宋能抗拒金、遼、蒙古進攻數十年的重要原因。

商場上，若未找出競爭者的弱點就展開攻擊，甚至錯誤以弱攻強，則下場將慘不忍睹。所以將領要懂得學習兵法，不需要打戰就使敵人屈服，不靠攻擊就拿下堅固的城堡，即使擊敗敵國，亦是速戰速決，不是用曠日費時的持久戰而傷人傷己。此所謂「*必以全爭於天下，故兵不頓，而利可全，此謀攻之法也。*」

具體方法就是十倍於敵，不採用攻堅就採圍而（招降）擒之；五倍於敵可正面強攻沒有天險保護的據點；二倍於敵則分正、奇二路作腹背夾擊，正軍牽制敵主力而奇兵俟機尋弱攻擊；我強採攻勢；敵強採守勢；敵過強則避免接戰。如果自身弱小還採用硬拚方式，那就會成爲強大敵人的俘虜。就像司馬懿自知比不上諸葛亮的軍事能力，所以面對百般挑釁，都不爲所動，終使諸葛亮六出祁山無功而返。韓信面對武功強大的項羽，懂得運用兵力的優勢，採用十面埋伏不硬拚，最終逼使項羽自盡於烏江邊。

所以伐兵攻城都是資源消耗戰，結果常是勝敵而益弱，而非如伐謀與伐交可以輕易獲勝外，還可資源整合而益強。中外歷史裡的常勝將軍——項羽、拿破崙都是耗盡自己的資源而失敗，除了惋惜，是否讓我們領悟而警惕自己？在商場上更要由資源角度檢視公司新產品、新據點的成績，是否勝敵而益強，即使敗於敵而資源不減？

事實上商場上充滿爾虞我詐，現實無情而唯利是圖。依孫子兵法進攻市場時，優先採用**上兵伐謀**，就是挖敵人的牆腳，將其內部台柱重金挖走、使其外部夥伴分手，在自己加分之際更直搗黃龍使敵人減分；而最下策的**攻城**就是花費無數的人力、物力與時間去遠地攻打對手最堅強產品或市場，其做法最爲勞民傷財而吞苦果。

商場如戰場，沒有永遠都占上風。就像打橋牌時，手上拿了一副壞牌，輸得最少就是打贏，而致勝之道是知彼知己之下，打好眼前的戰役，贏得最後的戰爭。

時時記住〈謀攻篇〉所指出致勝的五項指標：「*知可以戰與不可以戰者勝，識眾寡之用者勝，上下同欲者勝，以虞待不虞者勝，將能而君不御者勝。*」在商場上與戰場前，所有的主管都要時時提醒，自己是否不知不覺又犯了兵家大忌呢？即不管之前有多少經驗，也打了多少次的勝戰，在每場新的戰役前，都要提醒自己時空背景與對手都不同了，但「*知己知彼，百戰不殆；不知彼而知己，一勝一負；不知彼不知己，每戰必殆。*」的道理是永遠不變的。

將能而君不御者勝

在〈謀攻篇〉裡談到國君、或公司董事長的領導統御，舉凡沒有親臨前線的後方主管不應該對瞬息萬變的戰場、市場做遙控的指令。尤其形成「多頭馬車」的管理系統，自然會有「權責不分」或「爭功諉過」的企業文化。

公司要成長爲集團、從區域蛻變爲國際，所必修的課程是如何以「地利」將公司力量延伸出去。在戰術面的管理權就充分授權給前線的管理者，使其即時處理日常管理與突發事件，而公司未來的戰略走向，才該由經營者深思熟慮預做規劃。

即使在今日通訊都已達即時的境界，管理上仍應是權力跟著責任走的「權責合一」，找一位「知之爲知之，不知爲不知，是為知也」的單位主管。董事長應只是訂定目標、可評鑑的指標與最高戰略，之後就是按月、季、年報表來檢討，其餘細節都是由前進據點的子公司或新事業的總經理自行決定。最忌諱的是，既設定目標，又定手段（戰術），最後再搶部屬功勞、推卸自己錯誤的主管。

識衆寡之用者勝

在戰場上，在商場上亦是如此，不要空想以寡擊眾，除非確定占有地利，懂得利用瞬間的天時。勝利者永遠是在接戰地點形成區域性以眾凌寡，或接戰時間內仍是以強擊弱，若自己總體戰力不如敵則避戰，打要則等待「時間差」、「機動戰」等時空條件成熟。

最後再次強調打戰的意義包含了「不打」的做法，不打亦是一種打法。在現實的商場上，有許多輸到脫褲子的公司，就是不懂做事業裡包含了許多不做生意的做法。否則就是「只知進，不知退」，如此的話，敗亡只是時間問題而已。

軍形篇

孫子曰：昔之善戰者，先爲不可勝，以待敵之可勝。孫子說：以前善於用兵作戰的將領，先處於不被戰勝的境地，再等待戰勝敵人的機會。

不可勝在己，可勝在敵。使自己不被戰勝，其主動權掌握在自己手中；敵人能否被戰勝，在於敵人是否給我們以可勝的機會。

故善戰者，能爲不可勝，不能使敵之必可勝。所以善於作戰的將領，能使自己不被戰勝，而不能使敵人一定會被我軍戰勝。

故曰：勝可知，而不可爲。所以說：（只要不給敵人打贏的機會）最終的勝利可以預見的，但不能強求（需等待敵人的錯誤出現）。

不可勝者，守也；可勝者，攻也。不被敵人戰勝，就靠防守；能戰勝敵人時，就進攻而取之。

守則不足，攻則有餘。兵力不足就採取防守，兵力超過對方就採取進攻。

善守者藏於九地之下，善於防守的將領，將自己兵力的配置，隱藏在如同很深的地下（敵人摸不清、找不到，就能一直保持實力）；

善攻者動於九天之上，善於進攻的將領，部隊的進攻就像從天而降（，能出其不意而讓敵軍完全無法抵抗），

故能自保而全勝也。如此才能保全自己直到獲得完全的勝利。

（*守能藏於九地之下，攻能動於九天之上*，就是〈軍形篇〉的目標，防守時除了必要依險而守的少數外，主力作爲奇兵，機動且隱藏；進攻時，出其不意就讓敵人無從抵抗）

見勝不過眾人之所知，非善之善者也；（由兵力的數據）來預測勝利不過是平常人的見識，算不上最高明：

戰勝而天下曰善，非善之善者也。即使勝利而得到天下都稱讚，如果（兵力強於對手）也不算上最高明。

故舉秋毫不爲多力，因爲舉起秋毫稱不上力氣大，

見日月不爲明目，能看見日月算不上視力好，

聞雷霆不爲聰耳。聽見雷鳴更不算是耳聰。

古之所謂善戰者，勝於易勝者也。古人所說善於用兵的將領，只不過是戰勝了那些容易贏的敵人。

故善戰者之勝也，無智名，無勇功，故其戰勝不忒。眞正善於用兵的人，（不會憑藉聰明或勇武，在現實不利下還硬幹），沒有智慧的美名，也沒有勇武的功勳，而是戰爭中不出任何**錯誤**而穩穩地獲勝。

不忒者，其所措勝，勝已敗者也。不犯錯誤的人，（在開打前）謀劃好的各項措施（已足以保證勝利），使開打後就能戰勝（**沒有準備好卻出來迎戰**）的敵人。

故善戰者，立於不敗之地，而不失敵之敗也。所以善於打戰的人，（**不打沒能贏的戰爭，**）所以能處於不敗的境地，（**準備好**），而不放過任何擊敗敵人的機會。

是故勝兵先勝而後求戰，所以打勝仗的軍隊總是在具備了必勝的條件之後才與敵交戰，

敗兵先戰而後求勝。而打敗仗的部隊常是先交戰再祈求獲勝。

善用兵者，修道而保法，故能爲勝敗之政。善於用兵的將領，兵力不足則修練不敗的作爲，並保有培養制勝的條件，所以能主宰戰場的勝敗。

兵法：一曰度，兵法上的修道而保法：一是度，即評估，

二曰量，二是量，**結合**（使之）量變，

三曰數，三是數，**連結**（到達）質變，

四曰稱，四是稱，（在適當的時候）**使用**、對付，

五曰勝。五是勝，勝利。

地生度，對計畫交戰地區的**地形地物**進行**評估**（有地利的優勢），

度生量，**評估**（度）出有地利優勢的地形地物後，將兵力與地利**結合**（量）起來，

量生數，**結合**（量）兵力與地利的據點，能與其他據點串聯／並**連結**（數）起來，使各據點由點成線、再由線成面，借用地利與布陣使防禦力大爲提升，

數生稱，提升後的實力，在誘使敵軍進入時**使用**（稱）上，

稱生勝。使用上就自然可以得勝。

故勝兵若以鎰稱銖，獲勝的軍隊所以能擊敗對方，是具有絕對的優勢，如同使用「鎰（20 兩爲 1 鎰）」來對付「銖（24 銖爲 1 兩）」（480：1），

敗兵若以銖稱鎰。而會戰敗的軍隊就企圖以「銖」來對抗另一方的「鎰」。

勝者之戰，若決積水於千仞之溪者，形也。所以（兵力不多的）勝者卻能擁有如此的絕對優勢，是做到把山澗上的水**阻截**而蓄存在千仞的高山上，準備好這種勢不可擋的力量來衝擊來犯的對手，這就是「**軍形**」的表現。

心得分享

〈軍形篇〉開宗明義，就指出本篇的宗旨：「*先爲不可勝，以待敵之可勝*」。軍事行動的勝負，不但決定了軍人的生死，亦主宰了國家的存亡，所以將帥領軍打戰，即使兵力遠不足對方，首先就得讓軍隊立於不敗之地，不給敵人有擊敗我們的機會。

美國拉斯維加斯是出名的賭城，每天都有許多賭徒與遊客湧入賭城，想在那裡贏些錢，但絕大多數的賭客都是輸錢。有一天一輛巴士載著滿車想贏錢的賭客，開到拉斯維加斯的賭場大廳前時，那位巴士司機高聲問賭客：想知道如何絕對不輸錢的方法

嗎？全車的賭客高喊：願意！只聽司機說：那都不要下車，跟我一起回洛杉磯城！

同樣的道理，兵力明顯比敵人少，想在戰場贏得最終的勝利，首先就是不給敵人有擊敗我們的機會！如何做到戰爭的初期目標，孫子具體提出兩點，首先將部隊「*藏於九地之下*」，讓敵人無法找到或逮住我方的主力，再藉著*修道而保法*，利用地形地物的特點來布陣，把自己的實力加持爲原有的百十倍，若敵軍敢來攻擊，其付出的代價就會百十倍於我軍。

民國時期，國民政府能北伐成功，一一擊敗割據各地的軍閥，卻無法澈底殲滅共匪，就是共軍能把其主力部隊做到「*善守者藏於九地之下*」，甚至最後不惜進行二萬五千里的逃竄，就是讓國軍無法逮到共軍的主力。實力不如人就順勢而避免接戰，才能立於不敗之地。今日台海兩岸的形勢險惡，中共開始暴露其邪惡的本質，不只內部殘暴對待西藏、新疆、內蒙古與香港人民，對外除了在南海大興土木外，軍機更多次對臺灣侵門踏戶。在中共的邀戰惹事之際，除了臺灣要能隱忍不給挑釁的口實外，還得全面*修道而保法*，善用護國天險的臺灣海峽，加強海、空軍外，再努力尋找外部有形無形的助力，〈謀攻篇〉所談到的伐謀、伐交都屬於「軍形」的作爲，能幫助臺灣達到「*守能藏於九地之下*」，甚至將部分軍事物質，如飛機、飛彈存放在鄰近的美日基地，避免共軍的突襲而保有反擊能力。今年俄羅斯侵略烏克蘭的惡跡，讓自由民主國家認清楚極權國家的野心，主動地願意與臺灣合作，這都能提升臺灣地區的穩定與和平。

〈軍形篇〉的啓示就是，借用各種外力把臺灣自己各個微小的力量，利用可借的外力一一強化起來，然後把這些強化的各據點都串連起來拉成線，再把所有的線並連起來結合成面，如此不但原有各據點的力量都藉「形」強化起來，而且整合而相互支援，當所有據點的力量能相互支援達到相加、相乘的總力量，就成含「勢」的「軍形」了。

商場上「先為不可勝」，對新成立的公司已是高難度，尤其對**盛極而衰**的公司更是難上加難，因為首先的難題是要建立「昨是今非」的共識，來接受公司長期的經營做法必須轉變。而下一個難處是在改變期間，員工向心力的維持，改變經營做法包括了及時減速、從容轉彎、適時加速等艱難過程，進攻的士氣容易有、撤退時士氣難保持。

1997 年蘋果電腦在瀕臨倒閉的時刻找回 Steve Jobs，他重新評估積弱不振的蘋果，當機立斷停止許多在研發部門正開發的產品線、辭退不合公司未來發展的人員、向 Microsoft 求和，先止血療傷僅以最少的資源維持大勢底定的 PC 市場，再把騰出的資源投入新的市場，到 2002 年才跨出電腦業，進入消費性電子領域。這難的癥結在於決策者能否重新釐清、設定正確的新目標？並依據未來經營模式下調整出對應的需求人力？有無「捨得」的智慧與「溝通」的能力？還有其過程新團隊的士氣能否不潰散？這就是標準的「*不足則守，有餘則攻*」的案例，但商場上的「共識管理」，比軍隊的「服從命令」複雜多了。

孫子認為軍事上的上上者是能「審時度勢」，是「*無智名，無勇功*」的做法，用日本戰國末期叱吒風雲的三傑來比喻。首先織田信長是憑其武功「造勢」，東征西討打下大半江山，最後卻遭家臣明智光秀背叛（本能寺之變）而死；其家臣豐臣秀吉此時正在外地征討，立刻議和以便回頭剿滅明智光秀而卡了名位，再權謀合縱與武力征伐，從織田家族內部中鬥爭勝出，憑藉「觀勢」加「造勢」，智勇雙全下取代了織田家族，卻以爲大勢已底定，沒爲其家族建立好永世偉業，就發動對朝鮮的征戰，最終由於明朝支援朝鮮，在戰事末期逝世而告終；而德川家康不算常勝軍，但一直保持「審時度勢」，不讓對手有擊敗他的機會，一路臣服織田信長、忍讓豐臣秀吉的等待，直到必勝的「勢」形成時毅然地君臨天下，最後創建了幕藩體制，統治日本長達 264 年，史稱江戶幕府時代。

有一道很好的決策問題：「若杜鵑不鳴，如之耐何？」日本歷史學家認爲有勇功的織田信長會答：「殺之。」；有智名、有勇功的豐臣秀吉會答：「誘之。」；而審時度勢的德川家康會回答：「待之鳴。」德川家康才是符合孫子認爲上上的善戰者。

還有三國時代的司馬懿不理會諸葛亮的侮辱性邀戰，也在曹爽的排擠下示弱，即使有智、有勇，司馬懿最重要的是能「審時度勢」，因爲不讓對手有擊敗他的機會，所以終能統一漢蜀與東吳，也使晉朝取代了曹魏，是軍事與政治的上上者。前總統李登輝在臺灣的改革之路上，開始是沒有班底、沒有資源，但李登輝始終是審時度勢，而處於不被戰勝的境地，也不放過任何可以改革的契機，使得改革過程中沒有流血、沒有暴力，最後成功地把中華民國由一黨專政的威權體制，實現爲全民的民主選舉體制，是政治界的上上者。

〈軍形篇〉點出「*勝兵先勝而後求戰，敗兵先戰而後求勝*」來說明「軍形」的目的，孫子一再強調不打沒把握的戰爭，實力不如人就儘量避免接戰，而保留實力來生存與發展。明確指出兵力不如敵人下，就需採取「*修道而保法*」的做法，評估哪些是可用的地形與外部可利用的資源，經過結合、連結、利用，而壯大原有的力量，建構許多局部空間裡的絕對優勢的「軍形」，當敵人員來進犯時，能在這些局部空間裡以高壓低、以眾擊寡、以強凌弱，一舉將敵人擊潰，讓其付出不對稱的慘痛代價。

商場上可以參考〈軍形篇〉來啓示公司如何蛻變，從一個普通公司到達一個成功的公司，或由成功的公司蛻變爲一個偉大的公司。雖然不少成功的公司開始是「*先戰而後求勝*」，但這只適合 start-up 公司，或遇到低風險高報酬的好機會，若需投入大量資源，甚至要做到永續經營，就必須採用「*先勝而後求戰*」的做法，否則貿然行事才來摸索獲勝之路，會置公司於萬劫不復之地。

商場上的勝負結果是沒有戰場上血淋淋的場面，也不是贏者能把輸家的生命、財產與未來都拿走。但商場的殘酷是沒有起點也沒有終點的**無止境競爭**，競技場爲開放型結構的市場，不管產業處於任何時期都可以有新的競爭者加入，還有供應鏈上每一環節的成員都可以用「創新」來改變遊戲規則，也有損人不利己的競爭者來分食市場。當你的新產品功能不足、價位不對、產品上市時間延誤時……，市場上的所有競爭者，可能是旁觀者、甚至是夥伴會全力侵蝕你多年經營的市場，所以競爭者是四面八方、前仆後繼而來，無結束、無休息的競爭，比戰場一對一、敵我分明的戰鬥更爲殘酷。

還有商場上很少有像戰場上的欺騙作爲，大體上在商業法律的規範下，完全是相互實力的現實競爭，其勝敗結果在打戰之前，就已決定了。懂得此種道理的公司 CEO 就不會迷失在尋求超級銷售員、問神卜卦的算命師，夢想生意就會節節高升，利潤是源源不斷。產品不振、功能不齊，不好的性價比卻想賣高價以給消費者，這都是沒有把「軍形」的工作做對，蓄勢待發的「形」沒做好，後面銷售的「勢」就會很快地枯萎，即使最後降價求售，想再把「形」調整對時，市場占有率與客戶滿意度就大大受損了。

商業上有許多「軍形」的負面案例，像 Kodak 明明很早就開發出數位相機，為了不影響其底片的生意與利潤，而遲遲不肯將之商品化搶先上市，結果當數位相機普及化後，Kodak 就兩頭空，最後只能通過破產保護，重組為一家小型數碼影像公司。還有 Intel 用四核八線的 CPU 結構長達 10 年，即使八核十六線早已成形，還不知道「eat out your own child」來保持市場「軍形」的制高點，結果 AMD 的八核十六線出來後，加上有了 TSMC 的加持，立刻以親民價位提供最佳的性價比，得以用上駒對 Intel 的下駒，所以「軍形」成、「兵勢」出，2018-2019 年累計出貨量 9700 萬顆，兩年的增長率分別高達 35%、39%。

AMD 能從破產的邊緣逆襲 Intel，就是商場上「軍形」的先為不可勝、再修道而保法、能「度、量、數、稱」來利用外力強化自己競爭力。事實上早先 AMD 的財力、物力、能力都遠不如 Intel，就決定集中資源在研發設計，放棄生產製造而外包給格羅方德（Global Foundries）代工，2018 年後更轉由 TSMC 代工，終得以在技術突破與 TSMC 製程的加持下，提供高性價比的 CPU 給 HP 等大客戶，2020 年更成為標普 500 指數（S&P 500）中表現最好的企業。10 月 27 日 AMD 再以 350 億美元收購賽靈思（Xilinx），使 AMD 由晶片製造商跨足資料中心產品陣容，積極擴大挑戰英特爾在伺服器的主要地位和邊緣運算市場。隨著

AI、物聯網與邊緣運算等龐大應用需求爆發，資料中心將成為（CPU ＋ GPU）未來三雄（Intel、NVIDIA ＋ ARM、AMD ＋ Xilinx）爭霸的主戰區。

《孫子兵法》在字裡行間中完全反對殺得昏天暗地、血流成河，此是耗盡兵源物力的「慘勝」。一將成名萬骨枯是「*見勝，不過眾人之所知，非善之善者也，戰勝，而天下曰善，非善之善者也。*」決策者需能審勢而行，（尤其進入產業成熟期後）絕不能只見營業額而不見利潤，不能淪為只為銷售而銷售的迷失，眾人皆迷惑著巨額銷售，不知利潤低迷會導致資源排擠的惡性循環。決策者能行為勝之政，在敵強（市場價格）我弱（產品成本）時修道而保法；我強敵亦強時等待敵人犯錯之日（缺貨、銷售策略錯誤）；敵弱我強時敢大舉進攻（交叉火網的多重通路）。

最後也是最重要的一點，商場上的「*先為不可勝*」，即確定公司運營的資金要足夠，即使在沒有收入下，能夠生存到第一筆收入、準備機會的預備金……，所以商業在「軍形」的布局，救命資金一定要持續在每一階段都維持好，像這次 AMD 收購賽靈思是採用全額以換股方式進行，就是保持正確的資金「軍形」。

兵勢篇

孫子曰：凡治眾如治寡，分數是也；要治理眾多人像治理少數人有成效，就是依靠編制與組織；（道理延伸到戰鬥中的防守，靠編制與組織，少數人可以防守住多數人的攻擊）

斗眾如斗寡，形名是也；對付眾多人像對付少數人容易，靠著是形勢逼人，或名位壓人；（道理延伸到戰鬥中的攻擊，靠形勢逼或名位，可以壓制多數敵人如同與少數人戰鬥）

三軍之眾，可使必受敵而無敗者，奇正是也；整個部隊處於防守而能不敗，是必須運用「奇正」的變化：

兵之所加，如以瑕投卵者，虛實是也。軍隊在攻擊時，能產生如用石頭砸雞蛋的結果，關鍵在於以實擊虛。

凡戰者，以正合，以奇勝。大凡作戰，都是以少數兵力承受抵擋住正面攻擊，再奇兵繞背制勝。

故善出奇者，無窮如天地，不竭如江海。善於運用奇兵的人，其戰法的變化就像天地運行一樣無窮無盡，方法之多像江海一樣永不枯竭。

終而復始，日月是也。「奇正」的變化像日月運轉一樣，前一輪剛結束新一輪又開始；

死而更生，四時是也。也像四季的運行，秋冬消失而春夏再生。

聲不過五，五聲之變，不可勝聽也；聲只有宮、商、角、徵、羽五音，然而五音的組合變化，永遠聽不完；

色不過五，五色之變，不可勝觀也；色不過是青、紅、黃、白、黑五色，但五色調出的組合變化，永遠看不完；

味不過五，五味之變，不可勝嘗也。味道不過酸、苦、甜、辣、鹹五種，而五種味道的組合變化，也永遠嘗不完。

戰勢不過奇正，奇正之變，不可勝窮也。戰爭中兵力的分配不過「奇」、「正」兩種，而其組合變化，是可無窮無盡。

奇正相生，如循環之無端，孰能窮之哉！奇正相生、轉化，如同無始無終的循環，那能窮盡呢！

激水之疾，至於漂石者，勢也；河水能漂流大石，是河水湍急帶有極大**能量**的「勢」；

鷙鳥之疾，至於毀折者，節也。鷙鳥能折毀擊殺動物，是鷙鳥帶有極快**速度**的「節」。

故善戰者，其勢險，其節短。所以善於作戰的軍隊，聚集的勢能是險惡巨大的，進退的節奏速度是（瞬間）短促爆發的。

勢如擴弩，節如發機。「勢」就如同滿弓待發所蓄存的極大能量，「節」如弩機射出當下那樣地快速。

紛紛紜紜，斗亂而不可亂；（戰場上雙方短兵相接時，）旌旗紛紛，人馬紜紜，要把敵軍的指揮、陣腳打亂，但自己不能亂；

渾渾沌沌，形圓而不可敗。戰情混混沌沌膠著，（軍心與戰力都會隨軍形而搖擺，）此時軍形要保持圓滿完整，不可敗散掉。

亂生於治，交戰雙方，一方趨於淩亂，是受到對方嚴整軍力的壓制，

怯生於勇，一方變得怯懦，是感受到對方勇武的威嚇，

弱生於強。一方轉爲弱小，是受到對方強大的打擊。

治亂，數也；整治軍隊的混亂，在於**組織管理的發揮**；

勇怯，勢也；士兵勇敢或膽怯，在於對陣時的態勢（人數——人多勢眾）；

強弱，形也。軍力的強或弱，在於軍形布陣的能力。

故善動敵者，形之，敵必從之；善於調動敵軍的將領，用形勢壓人，敵軍必然被迫遵從；（鞭子）

予之，敵必取之。用給予利益作爲誘餌，敵軍必然趨利拿取（，而掉入圈套）。（蘿蔔）

以利動之，以卒待之。前面以利益來調動，後面以武力來對待。

故善戰者，求之於勢，不責於人，故能擇人而任勢。所以善戰者是用整體的「勢」來壓迫戰勝敵人，而不是責逼（沒組織好）的士兵做無謂的硬拚，所以選擇能善用「勢」的將領。

任勢者，其戰人也，如轉木石。善於使用「勢」的將領，懂得指揮部隊像轉動的木頭和石頭般作戰。

木石之性，安則靜，危則動，方則止，圓則行。木石的特性是，放在平坦地勢上就靜止不動，放在陡峭的斜坡上就滾動；形方就容易停止，形圓就容易滾動。

故善戰人之勢，如轉圓石於千仞之山者，勢也。所以善戰部隊的攻勢，就像從千呎高的山上把圓石滾向敵軍去，其巨大快速的動量是無法抵擋，這就是所謂的「兵勢」。

心得分享

《孫子兵法》是談「致勝之道」，因此不但可用在戰爭，也可借用在經商、政治、外交，甚至任何有競爭、衝突、勝負的領域，例如談判、選舉等等。

在〈始計篇〉提到國家是否具備「致勝能量」時，稱這能量爲無形的「道」，其評估方法是國君能否「令民與上同意，可與之死，可與之生，而不畏危也」，國家要追求長時間的競爭力，則「致勝能量」是由「天、地、將、法」等因素綜合加總而成，必能綿延不斷地存在。

而對戰場的「致勝能量」《孫子兵法》稱之爲「勢」，「勢」與「道」都是指無形的「致勝能量」。「道」是指長時間的競爭力，而「勢」是針對特定時空下的「致勝之道」，所以戰場上的「勢」爲侷限在戰役甚至到戰鬥的「時、空」下，「天、地、將、法」成爲「時、空、將、法」。戰場上要獲勝，只要在戰場的局部空間上準備好這「致勝的能量」、在交戰時間內使用上，就能在這場戰役獲勝。即使總兵力不如對手，能善用空間上的地形，透過「法」把原有的力量強化爲十百倍的「形」，而在交戰特定時間裡，能準確快速地將「形」，爆發成強大衝擊力的「勢」，以高壓低、以快制慢、以衆擊寡、以強凌弱，而一舉將敵人擊潰。

形和勢都是**能量只是在不同狀態的名稱**，相對於〈軍形篇〉討論軍隊防守或對戰時，將自身的內在條件，結合外在的地形地物條件來布陣，使得自己原有的能量能提高並累積成爲蓄勢待發的勢能，即借用外力並隱藏其中來增加「致勝的能量」。〈兵勢篇〉則討論軍事行動中的戰鬥的層面，著重於將所有的戰力分配到位，與最大的效果。簡言之，前一篇〈軍形篇〉是談造勢，談如何善用地形的特性，經由「*度、量、數、稱*」，做評估、整合、連結、使用後建立起蓄勢待發的「形」，而〈兵勢篇〉是如何來用勢，著重於短兵相接時，勢能的配置與善用。

「用勢」的要訣

〈兵勢篇〉闡述河水帶上極大的能量就能漂流大石、鷙鳥以極快的速度就能折毀大型鳥獸，點出了「用勢」的**要訣**「勢險、節短」。「*勢如擴弩，節如發機*」，先把弓拉滿蓄存所有的能量，再如弩機快速地射出，讓衝擊力不但力量集中、快速外，攻擊要一波接一波，讓敵人無喘息、無招架的機會。「用勢」最忌諱分次用兵造成的力道不足，將會延誤良機，甚至有不可預期的惡果。

勢險

作戰是動輒成千上萬的團隊行動，就要整體行動同步來聚沙成塔形成勢險的巨大力量，而要團隊力量同步，在〈兵勢篇〉說過靠分數、形名，「分數」依性質將成千上萬的士兵分類編制，再依能力、責任編入金字塔般的指揮體系內分層而治。曹操把「形名」解釋爲戰場上指揮的金鼓與旌旗；「形名」也可解釋形勢與名位，或可由 2020 年的臺灣與美國總統大選的各自過程，用「形名」的角度來審視兩方的鬥爭。在任何場合，一個人能讓許多人聽命行事，得靠**形勢逼人**（人爲了保有喜愛的東西，被迫暫時放棄某些權利而聽命），或**名位壓人**（例如挾天子以令諸侯、執法人員挾法律話語權來壓制百姓）。

節短

若將行動的速度加快，可進而產生更大更強的衝擊力，更能衝垮敵人的承受能力。「*木石之性，安則靜，危則動*」、「*方則止，圓則行*」，從木石特性點出人的本性，是感覺安全了就不會奮戰，而面臨危險了就會拚命，像把方形的木石改造爲圓形，利用形勢將士兵膽怯的「念頭、想法」去除，轉人性的「怯」爲「勇」。交戰兩方，進行衝殺則勇、在遲疑不動則怯，由高向低衝殺更是勢難擋。如同〈兵勢篇〉中的結語：「*如轉圓石於千仞之山者，（用）勢也。*」攻擊時士兵如同圓木圓石，從千丈高山滾下去的速度，快速的行動加重攻擊的動量，進而產生強大殺傷的衝擊力。

在印證市場行銷的實用性上，在銷售販賣前，將產品的性能或價位，結合公司形象、地位或提升到文化位階，先推廣到對的客戶群，則行銷產生的吸引力，必能加快銷售速度、加快的銷量必然產生滾雪球效應。**行銷**就是針對目標客戶群的需求，在同類的競爭產品中，找出自家的優點或特點，像把方形的產品改造爲圓形，再來是說出目標客戶群感動的故事，此舉像把木石擺在千仞的山上，**銷售**就有俯衝的速度，可輕而易舉地完成任務。

在與敵交戰時，隊形、建制要注意維持完整，只要軍形保持圓滿完整，則軍心與戰力才會穩定，然後團隊的總戰力就可完全發揮，所以臨場要力保「*形圓而不可敗*」。商業上亦有 growth without chaos 的英文管理名言，提醒管理者即使組織在成長需求下的急速擴大，要注意在人數的擴張下，原有的管理效率是很難維持，唯有處理好組織的扁平化、迅速而正確地重新規劃未來組織的權責配置，才能避免人性的質變。還有在危機的處理時，應變之餘還是要維持其他管理系統的正常運作，都是管理者的挑戰。

防守用「奇正」

軍隊在與敵對陣時，有限的資源如何建構總戰力，攻擊力與防禦力是有排擠性，如何分配資源才能立於不敗？孫子認爲最佳的防守戰術，是擁有機動功擊力的布置，尤其在防守時兵力一定要做「奇、正」的分配。

孫子說「*受敵而無敗者，奇正是也*」，兵力少就得戰略防守，而兵力要採用「奇正」的分配，這意味要把已經少的兵力再分成「正」、「奇」兩部分，其中道理要仔細推敲與領悟。「正合奇勝」是防守成功的訣竅，重點要分出兵力作爲「奇兵」，隱藏、機動就能逆襲來犯的敵軍。防守時絕不能把所有兵力全聚在一處防守，而是儘可能把兵力都撥到「奇兵」，隱藏起來、保持機動才擁有主動奇襲的能力。

「正合」是防禦力，首先找到有利的制高點，要能利用地形地物，以少數兵力去牽制／抵擋下多數的敵兵，支撐到隱藏、機動的「奇兵」能擊殺在明處敵兵的腹背。「奇兵」平時要隱藏的好，等到敵人的弱點乍現時，能快速對其「出其不意，攻其不備」，達到一擊即中的結果，若能迅速移位更能造成草木皆兵的效果。大家可以回顧電影裡，少數兵力的一方能擊退有極大兵力優勢的另一方，都會有符合「正合奇勝」的腳本，因爲「奇兵」不只會造成奇襲的實質成果，對正在交戰的攻守兩方都會造成極大的心理影響。今日兩岸的兵力是敵強我弱，更應將（大）部分軍事物質，如飛機、飛彈、軍用物質存放在鄰近的美日基地，不但避免共軍的突襲，進而能以奇兵擊殺進犯共軍，持有足夠的反擊能力，才能*受敵而無敗*以保衛臺灣。

防守或劣勢須懂得**勢**的運用——「正合奇勝」。〈兵勢篇〉談的是用勢，強調用瞬間爆發的「**速度**」，來轉化所累積儲存的「勢能」，成爲難以抵擋的巨大「動能」。其中「正合」想以少數兵力來防守，就必須有〈軍形篇〉教導的造勢，整合成蓄勢待發的力量，用勢時還得利用**速度**來把勢能發揮到最大效果。

劣勢時除了懂得結合外勢來防守外，絕不要將所有兵力集中在防守，除了「正合」的防守，還記得最佳的防守是由攻擊完成。若要「鬥眾如鬥寡」而不敗，就得從少數兵力中抽調出相當兵力做爲「奇兵」，來侍機攻擊敵人背部。「奇勝」的條件是讓對手無法確實掌握我方的反擊力，其要訣在「**隱藏**」與「**機動**」。

公元前漢尼拔率領迦太基軍隊，一路由北非經西班牙、高盧（今法國）入侵義大利，並且屢敗羅馬軍隊。公元前 216 年在坎尼與羅馬軍隊會戰，由於漢尼拔的運籌帷幄，成功地以少勝多，擊潰了由羅馬執政官保盧斯與瓦羅二人所統領的大軍。還有公元前 333 年亞歷山大東征中的伊蘇斯戰役中，當時馬其頓軍隊為 3 萬人，而波斯皇帝大流士三世集結了 12 萬人的軍隊。兩軍在伊蘇斯地域的皮納爾河附近相遇，波斯軍隊分散排成兩個橫隊就長達 4 公里，馬其頓 3 萬人軍隊再分 3 部分：右翼是亞歷山大親自指揮的騎兵，中央是重步兵方陣，左翼為色薩利等盟軍的步騎混合兵。首先方陣重步兵突擊了波斯人的左翼，右翼騎兵繞側腰擊，在擊退波斯人的左翼後再支援左翼的盟軍，最後合圍並殲滅了大流士的中央軍隊，迫使其餘波斯人逃竄。

坎尼戰役與伊蘇斯戰役，至今仍被譽為軍事史上最偉大的戰役之二，使得迦太基漢尼拔將軍與馬其頓的亞歷山大大帝，同被譽為西方四大軍事家之列，能以寡擊眾原因都是在兵力的「奇正」配置，「正合」以少數兵力去牽制與抵擋下多數敵兵的攻擊，讓擁有速度與機動的「奇兵」做擊殺在相對上慢、少、弱的敵兵。

弱小廠家在商場上也應如此，資源少就不能把全部或太多的資源投入門面、花招，而更要保留大部分的資源給造訪者、潛在客戶上門時一個驚奇。「奇正」的策略常見在商場上弱勢商家的銷售定價，越是強勢的品牌或叫好的機種，在每一個通路商的售價都是很硬而且折扣很少；此時弱勢的品牌或機種，定價必然採用「奇正」的策略，否則對消費者與通路商沒有誘因，銷售成績就很難有好的結果。標價（list price）是「正合」，目的只要讓消費者看到，維持住與指標性競爭機種的合理性，而「奇勝」是特賣價（street price），在特定的時間或對特定的客戶，提供特賣價、特別折扣來突顯特別好的「性價比」，預留實力做機會來臨的臨門一腳。基本上弱勢就是一動不如一靜，要確實把資源花在刀口上，以不見兔子不撒鷹的做法，才能出奇制勝。

功能、售價、交期是銷售的三大決定因素，能產生奇襲效果只有售價或旺季的交期，弱勢而把底價訂在正常的售價與折扣上，甚至還把未發生的利潤虛耗在廣告上，這是弱勢還做無目標的攻擊，無「奇兵」效應也就無防禦力。

攻擊用虛實

攻擊時要集中兵力，並對著敵人虛弱的地方猛打，如果眞懂這道理，就能達到所謂的「以寡擊眾」，因爲不管攻防雙方兵力的差異，攻擊時能產生如石頭砸雞蛋的結果，關鍵在於「以實擊虛」。公元前漢尼拔率領迦太基軍隊，一路由北非經西班牙、高盧（今法國）入侵義大利，並且屢敗羅馬軍隊。公元前 216 年在坎尼與羅馬軍隊會戰，由於漢尼拔的運籌帷幄，成功地以少勝多，擊潰了由羅馬執政官保盧斯與瓦羅二人所統領的大軍。還有公元前 333 年亞歷山大東征中的伊蘇斯戰役中，當時馬其頓軍隊爲 3 萬人，而波斯皇帝大流士三世集結了 12 萬人的軍隊。兩軍在伊蘇斯地域的皮納爾河附近相遇，波斯軍隊分散排成兩個橫隊就長達 4 公里，馬其頓 3 萬人軍隊再分 3 部分：右翼是亞歷山大親自指揮的騎兵，中央是重步兵方陣，左翼爲色薩利等盟軍的步騎混合兵。首先方陣重步兵突擊了波斯人的左翼，右翼騎兵繞側腰擊，在擊退波斯人的左翼後再支援左翼的盟軍，最後合圍並殲滅了大流士的中央軍隊，迫使其餘波斯人逃竄。

坎尼戰役與伊蘇斯戰役，至今仍被譽爲軍事史上最偉大的戰役之一，能以寡擊眾原因就是在兵力的「奇正」配置，「正合」以少數兵力去牽制與抵擋下多數敵兵的攻擊，讓擁有速度與機動的「奇兵」做擊殺在相對上慢、少、弱的敵兵。

所以我們在特定的地方建構好絕對的優勢，迫使敵人在特定時間進入準備好的陷阱裡，這是善戰者「*求之於勢，不責於人*」，用「勢」來壓迫調動敵人，而不是讓士兵在不利的時空下被動應戰。施以重壓、或故意漏個破綻、或放些煙霧彈、或給予想要的財物，這都是使用鞭子與蘿蔔來調動敵人，讓敵人主動或被動扮演我們安排的角色，實現「*形之，敵必從之；予之，敵必取之。以利動之，以卒動之*」。

鞭子與蘿蔔同樣也可應用在商場上，要調動的對象是市場潛在的客戶，具體做法就是把產品定位做好，產品的功能與售價，讓消費者有物超所值的感受，自然會有購買的想法，若再加上一些 incentive program，像贈品、記點或折扣等以小利使其衝動而上門，則必然可以隨之「以銷售員待之」。還有公司內部的管理要恩威並重、獎懲要明快，以避免惰性的肆虐與傳染，員工的任用才能有良幣驅除劣幣的結果，沒有不好的員工，只有不好的公司管理。

《孫子兵法》所以談「兵勢」之前先談「軍形」，先用「形」把「勢」拉高，所以「形」可看成「造勢」，有如電池在使用前的充電；而「兵勢」是「用勢」，在對的時空下使用儲存的電能。現代人常把形和勢合在一起用，如果借用佛學用語，「形」是體、「勢」是用；但在《孫子兵法》裡「形」是含而待發的力量，屬靜態上的蓄存能量，例如位能、彈性能；「勢」則著重在動態上的力道、有作用的力量，例如動能。

如果把「兵勢」對比於商場上的銷售（sales）的動能，則「軍形」就是銷售前的 marketing 行銷布局，甚至在產品開發前期時，包括產品的架構、主要零件的選用、成本、上市時間等決定產品定位的元素，甚至協力廠商的合作、通路商的協調等等，有如發動戰爭出兵前的「伐謀」、「伐交」。因此「軍形」在商場上算是 demand 的 creation 而「兵勢」只是 demand 的 fulfillment。任何增加銷售的動能都算是「軍形」的範圍，所以收購與併購上下游公司或橫向策略輔助企業就是典型的「軍形」作爲，提高公司的位階競爭力，預作「兵勢」的動力準備。當「行銷」中能把定位造勢（「軍形」）做好，就是把潛在的銷售需求都吸引過來，就不用找專業銷售人員去一一對顧客敲門、推銷，而可以用業務助理接單、收銀機前的操作員處理即可，這種銷售的結果是「*求之於勢，不責於人*」，產品「形」（行銷、造勢）越成功，產品「勢」就越強勁，銷售成果自然就勢不可擋。

虛實篇

孫子曰：凡先處戰地而待敵者佚，後處戰地而趨戰者勞。孫子說，大凡先到達戰地等待敵軍，就能安逸（休息時不怕會被偷襲），後抵達戰地而被動投入戰鬥的就會勞累（戰力發揮不出來）。

故善戰者，致人而不致於人。所以善戰者能調動敵人而不為敵人所調動。

能使敵人自至者，利之也；能使敵人自願前來（我設定的戰地），是用利益來引誘；

能使敵人不得至者，害之也。能使敵人不到他預想的戰場，是逼迫、阻撓的結果。

故敵佚能勞之，飽能飢之，安能動之。所以若敵人安逸，能使之勞累；若敵人糧食充足就能使之匱乏；若敵人安然不動，能使他騷動起來。

出其所不趨，趨其所不意。進軍的地方敵人來不及奔救，突襲的地方敵人意想不到。（出其不意，攻其無備）

行千里而不勞者，行於無人之地也；行軍千里而（身心）不疲憊，是行走在無敵軍的地區；

攻而必取者，攻其所不守也。進攻就一定會獲勝，是因為攻擊敵人疏於防守的地方。

守而必固者，守其所必攻也。防守一定穩固，是重兵防守在敵人會進攻的地方。

故善攻者，敵不知其所守；所以善於進攻的，能做到使敵方不知道在哪防守；

善守者，敵不知其所攻。而善於防守的，使敵人看不出我方的弱點，不知該進攻哪裡。

微乎微乎，至於無形；深奧啊，精妙啊，竟然見不到一點形跡；

神乎神乎，至於無聲，故能爲敵之司命。神奇啊，不漏出一點訊息，所以能成爲敵人命運的主宰。

進而不可御者，沖其虛也；進攻而其無法抵禦，是攻擊到虛弱的地方；

退而不可追者，速而不可及也。撤退時無法追擊，是撤退迅速而無法追上。

故我欲戰，敵雖高壘深溝，不得不與我戰者，攻其所必救也；所以我軍邀戰，敵軍就算有高堡深溝的保護，卻不得不出來與我軍交戰，是因爲我軍攻擊它非救不可的要害；

我不欲戰，雖畫地而守之，敵不得與我戰者，乖其所之也。我軍不想與敵軍交戰，雖然只是在地上畫出界限作爲防守，敵人也無法跨線與我軍交戰，是欺敵的成效。

故形人而我無形，則我專而敵分。若敵軍布陣是固定不動而我軍爲機動布陣，則我軍就可以集中兵力（攻擊）而敵軍兵力相對是分散的。

我專爲一，敵分爲十，是以十攻其一也。（如果敵我總兵力相當），我集中兵力於一點，而敵人分散爲十處，我就是以十攻擊一。

則我眾敵寡，能以眾擊寡者，則吾之所與戰者約矣。這樣（在交戰的戰場上）就出現我眾敵寡的態勢，在這種態勢下攻擊，則與我軍交戰的敵人就少了。

吾所與戰之地不可知，不可知則敵所備者多，敵所備者多，則吾所與戰者寡矣。敵軍不知道我軍預定的攻擊點，就得處處分兵防備，敵軍需防備的地方越多，則我軍在預定攻擊點的敵軍就越少。

故備前則後寡，備後則前寡，所以防備前面多些，則後面兵力就不足，防備後面多些，則前面兵力就不足，

備左則右寡，備右則左寡，防備左方多些，則右方兵力不足，防備右方多些，則左方兵力不足，

無所不備，則無所不寡。所有地方都防備，則所有地方的兵力都不足。

寡者，備人者也；眾者，使人備己者也。兵力會不足，是因爲（被迫）分兵防禦；兵力會充足，是因爲能迫使敵人分兵防禦。

故知戰之地，知戰之日，則可千里而會戰；如果可以決定與敵人交戰的地點，交戰的時間，即使行軍千里也可以與敵人交戰。

不知戰之地，不知戰日，不能預知與敵人交戰的地點，又不能預知交戰的時間，

則左不能救右，右不能救左，（交戰的當下）就會左軍不能救右軍，右軍不能救左軍，

前不能救後，後不能救前，前軍不能救後軍，後軍不能救前軍，

而況遠者數十里，近者數里乎！何況（要支援的友軍）遠的相距十里，近的也有好幾里呢！

以吾度之，越人之兵雖多，亦奚益於勝哉！依我做的分析，越國雖然兵多，但兵多對勝利又有什麼幫助呢？

故曰：勝可爲也。敵雖眾，可使無斗。所以說：勝利是可以創造的，敵人雖然兵多，可以使他們無法參加戰鬥。

故策之而知得失之計，通過分析可以了解敵人作戰計畫的優劣得失；

作之而知動靜之理，通過挑動敵人，可以弄清敵人的行動規律；

形之而知死生之地，通過了解布陣，可以判斷何處是死地，何處是生地；

角之而知有餘不足之處。通過試探性進攻，可以探明敵方兵力布置的多寡。

故形兵之極，至於無形。兵力布陣的最上等，是沒有脈絡可循的陣勢。

無形，則深間不能窺，智者不能謀。布陣到無形的境地，即使隱藏再深的間諜也不能探明陣勢的虛實，智慧高超的敵手也無法想出對付的辦法。

因形而措勝於眾，眾不能知。根據敵人的虛實而制定

出的布陣，即使擺在眾人面前，眾人也理解不了。

人皆知我所以勝之形，而莫知吾所以制勝之形。人們都知道我克敵制勝的陣法，卻不知道制勝陣法背後的道理。（知其然，而不知所以然）

故其戰勝不復，而應形於無窮。所以戰勝敵人的方法不重複，而每次對應的陣法是無窮的變化。

夫兵形象水，水之形，避高而趨下，軍隊布陣的原理像水流動的原理一樣，水流動是避開高處流向低處，

兵之形，避實而擊虛。軍隊的布陣，在攻擊敵人時，是避開強實的部位而攻擊其虛弱的環節；

水因地而制流，兵因敵而制勝。水根據地勢來決定流向，作戰根據敵情來採取制勝的戰術。

故兵無常勢，水無常形。所以用兵作戰沒有固定的態勢，如同流水沒有固定的形狀。

能因敵變化而取勝者，謂之神。能夠根據敵情的變化而採取致勝的戰術，就叫做用兵如神。

故五行無常勝，金、木、水、火、土這五行相生相剋，沒有哪一個是常勝，

四時無常位，四季更替，沒有哪一個固定不移，

日有短長，白天的時間有長有短，

月有死生。月亮有圓也有缺。（敵勢強，要找到弱點再打，若找不到、做不到，就等其變弱，因爲萬物狀態皆會變動的，等待也是克敵制勝的元素之一。）

心得分享

戰鬥中攻防結果一定是強勝弱、眾淩寡、快擊慢，所以〈作戰篇〉談**估勢**，在戰前以可動員的人力物力等資源多寡來評估國力的強弱，而〈謀攻篇〉談**借勢**，開戰前要「伐謀」、「伐交」以借用外力在增加勝算，在〈軍形篇〉談**造勢**，強調在兵力不足下，利用「地勢」佈陣把所有的防守戰力發揮到最佳，提醒「先爲不可勝，以待敵之可勝」；在〈兵勢篇〉談**用勢**的要訣——「勢險，節短。勢如擴弩，節如發機」，就可把我軍可用的「勢」發揮到最佳效果，在戰場還要以「斗亂而不可亂」與「形圓而不可敗」，以維續士兵的臨場心理素質。

有別於〈軍形篇〉與〈兵勢篇〉談的是「勢」的培養與使用，孫子在〈虛實篇〉進一步點明攻擊要致勝，就是以實擊虛。軍事上的攻擊也就是要以自己的強點攻擊對手的弱點，而日常生活中有人以自己的優點評論別人的缺點，這也算是一種攻擊。想要以實擊虛，而不被敵人以實擊虛，就得做到「制於人，而不受制於人」，其核心精神是「*出其所不趨，趨其所不意*」，就可以在戰場上掌握一切作爲的主動權。

二戰初期法軍統帥部認爲，其東部邊境有馬奇諾防線，德軍絕不會由此進攻；防線北端法比邊界的阿登山區地形複雜，不便於坦克、機械化兵團行動，德軍也不會由此攻入；主流意見都認爲進攻路線會由法國與比利時平坦交界處，所以作戰的計畫與兵力的部署就依此來設計。開戰後德軍亦如此誘使英法聯軍全力依此展開，而德軍主力卻從地形複雜的阿登山區深入，突然插至英法聯軍側後。聯軍措手不及而損失慘重，馬奇諾防線更因為德軍襲擊其背部而完全失去作用。雖然聯軍勢力還比德軍大，但德軍「*出其所不趨，趨其所不意*」而達到以實擊虛的效果，就使得戰果迅速且一面倒。若不是柏林參謀本部不確定聯軍的潰敗，而下令停止德軍的推進，則敦克爾克（Dunkirk）大撤退就不能成功撤回 33 萬 8226 人抵達英國，遠超過當初預估 4.5 萬人的撤回。

攻擊用虛實

攻擊時要集中兵力，並對著敵人虛弱的地方猛打，如果眞懂這道理，就能達到所謂的「以寡擊眾」，因為不管攻防雙方兵力的差異，攻擊時能產生如石頭砸雞蛋的結果，關鍵在於「以實擊虛」。2022 年的俄烏戰爭，俄羅斯憑藉優異武器與眾多的兵力一路由北、東、南多路入侵烏克蘭，並且占領沿海四個省。之後由於美國與北約的援助，甚至馬斯克的星鏈衛星 Starlink 加入支援，在摸清俄軍的部署後，九月底成功地烏軍雖弱但以實擊虛，最後合圍在東北部與南部俄軍的弱點，擊潰並殲滅了該占領區的軍隊，迫使其餘弱小俄軍逃竄，收復了幾千平方公里的土地，逼迫普丁發布動員令召募 30 萬新軍，還發射上百枚的飛彈襲擊烏克蘭各大城市，才平息俄羅斯國內反普丁的聲勢。

攻擊時要想「以寡擊眾」，則攻擊敵人部位的兵力是相對虛弱的，或當下是防備不當的。想要達到「以實擊虛」結果就得欺敵，最重要就是「*制人而不制於人*」。

制人而不制於人

首先行動前先做好功課：知己、知彼、知天、知地後，以換位思考來預測敵人可能的各種行動，再從中理出致勝的契機，接著擬定出可得勝的劇本後，就開始按表操課，其中尤其確定要搶天時、卡地利，來確實占住致勝的先機。倘若行動能迅速到位，自然可「制於人，而不受制於人」，確實依照敵情採用「利之、害之、勞之、飢之、動之」等逼迫、誘使手段讓敵軍依照我們的劇本演出，來改變敵軍的優勢，或等待雙方「勢」的改變，當各種軍事行動做到無形無聲，則我軍的行動都好像在敵人無設防下爲所欲爲，自然可以主宰敵人的命運。

有能力就改變

當對手聲勢比自己大、或自己陣形還沒準備好、或外在條件還未成熟，就如〈始計篇〉提到的兵者，詭道也。故能而示之不能，用而示之不用，近而示之遠，遠而示之近。利而誘之，亂而取之，實而備之，強而避之，怒而撓之，卑而驕之，佚而勞之，親而離之，攻其不備，出其不意。這個階段的行動就是消耗敵軍的優勢，以欺敵、擾敵爲主而不做攤牌式的決戰。

沒能力就等待

〈虛實篇〉指出勝利是交戰的當下，以眾擊寡、以強擊弱、以快擊慢、以實擊虛的必然結果。對於弱勢的一方要贏得勝利，就要學習柔弱的水，水因地形而制流，地虛則占、地實則共存或遠走；同樣兵因敵情而作爲，敵虛則攻、敵實則等待或藏匿。所以「*能因敵變化而取勝者，謂之神。*」戰爭史上許多名將的失敗，都是對手懂得等待客觀環境的時間變化（早上、傍晚、深夜、嚴冬）、軍情變化（騷擾、生病、糧食）、氣候變化（轉風向、起霧、下雨）、地形變化（高山、河流、平原、沼澤）等等，也等雙方的主觀心理（勇、怯）的變化，即使大自然的五行、四時、日月都無常勢，何況名將也是平凡人。「審時度勢」因勢利導而化虛爲實，或化實爲虛，就能「因敵變化（弱）而取勝」，懂得爲勝利而等待。

三國蜀漢的諸葛亮六出祁山與司馬懿對陣，司馬懿從來沒有打過一次勝戰，諸葛亮多番邀戰，即使挑釁式送了女人的衣物，司馬懿依舊不肯開城門來個結結實實對打一場，甚至因不打沒有把握的進攻，而讓諸葛亮在眼皮下撤退了。但司馬懿成爲最後的贏家，這是懂得「*制人而不制於人*」的道理，司馬懿一生謹慎，在認定諸葛亮所以求戰，必有其勝利的準備，司馬懿不打沒有把握的戰爭，始終將勝利建立在周全的準備，而不是假設敵人的愚蠢。古羅馬在遭受漢尼拔的連番勝仗後，採用費邊的消耗戰略而止血。俄帝對抗拿破崙的焦土戰略、韓信對付項羽的圍困戰略，還有當年北越與美國在巴黎冗長談判，基本就是爲勝利而等待的戰略，等待對手的優勢消退，等情勢逆轉而獲利。

對只知看「形而下之器」的人，只知致勝手段的做法，而不知其中奧妙，是所謂的外行看熱鬧。上善若水，水不堅持外形，而因地制流，在戰場上或是商場上不管是作戰、經營管理、市場行銷都是因時、因地、因物、因敵、因勢而變化對策。成功背後的道理都不變，但每次時、空、對手等背景都不同，則應用的有效對策、程序自然與以往成功不同。

勝兵先勝而求戰

當勝利的條件逐漸成熟時，*知戰之地，知戰之日*，就可以進一步計畫進攻的細節，在現場透過「策之、作之、形之、角之」，來確定敵人的布局與反應規律與時效等敵情，如同教育的「有教無類」的道理，依敵情導出「量身訂做」的兵力布陣。在澈底了解對手後，每次對敵的行動都可做「*出其所不趨，趨其所不意*」的攻擊行動，對手不知我們眞正進攻的時間與地點，則防守方就得兵分多處而守，在「敵慢我快」、「我專而敵分」下，敵人就不知如何做出正確且及時的反應，自然每次攻防之戰，我軍都能成功地打擊對方薄弱之處，進而將敵軍的指揮系統打斷，使其首尾不相接，還不知要接、如何接，「我專敵分」下，自然可以各個擊破。二戰聯軍在登陸法國諾曼第之前，首先就是成功地欺騙了納粹德國登陸地點，才能成功「*出其所不趨，趨其所不意*」在諾曼第登陸，成功吹響了反攻的號角。

1999 年臺灣臺北市的選舉戰可算是場「*勝兵先勝而後求戰*」的虛實戰，之前陳水扁在治理臺北市 4 年之中，大刀闊斧整治臺北市積習難改的交通亂象，並整頓臺北市各公家機關的官僚作風，並呈現出截然不同的親民、服務面貌，使得阿扁年年被各大雜誌評鑑爲臺灣各縣市中政績第一名。在此優勢之下，國民黨的馬英九前後發表了逾百次不參選臺北市長的聲明，這不只讓阿扁開始時不知設防，也同時對各方反扁勢力進行逼迫、誘使的身段，等反扁勢力的聚集團結做好後，馬英九才華麗轉身登記參選，最後「*勝兵先勝而後求戰*」，就一舉奪下臺灣首善之都。

商場上的虛實

戰爭不但將剎那的殘酷成爲永恆的結果，而且贏者之後還可以爲所欲爲，所以戰爭過程是不擇手段而無所不用其極的陰暗。但商場競爭也是激烈，但幾乎一切是透明的，尤其在行銷或銷售，很少能用上欺騙，商場上的「致勝之道」不能用詭道而能生存下來，因爲商場上講求的是信譽，一旦沒有了商譽，就沒有未來。但市場競爭很少是一對一的情況，甚至隨時會跳出新的競爭者，所以沒有「*利之、害之、勞之、飢之、動之*」的對象，但持「人無遠慮，必有近憂」的危機意識，跟「時間」或跟「自己」在競爭了。也就是說當技術、法律、市場起了變化時，我們必須從這些變化中，也看到「蝴蝶效應」的進行，並推斷「*知戰之地，知戰之日*」，而不在意「競爭者」將會是誰？作爲公司的經營決策者，不要每日忙於例行公事，而忽略觀察趨勢，不要只享受目前的走勢，而要把走過的結果微分再微分，導出速度與加速度的變化，試著由過往各個紀錄推論未來趨勢的可能。

商場上設計任何產品所需的時間，各家不會有太大的差別，決定勝負反倒是公司決策者，是否有宏觀有遠見？有魄力超前部署、及早準備？若能預測需求的趨勢而卡位，提早一年半載就開發產品，則不僅是安逸與勞累的差別，且是成功與失敗的差別。商場上有許多公司開始時的成功，是恰好「天時」與「地利」都配合上了，因此反而不知「審時度勢」的重要性，之後一如從前都是勇往直前，最後將會「成也蕭何，敗也蕭何」，靠運氣起來就因時運不佳而下來。

起陽藥——「威而鋼」的發明是「有心栽花花不開，無心插柳柳成蔭」，藥廠原來研發治療心臟病之藥，結果心臟病還沒有確定改善，性能力倒多改善，藥廠以這意外的特殊作用，獨占了需要這功能的顧客群，這是因勢利導而化虛爲實的案例。而更多的事實，都是產品在開發後，只要沒有競爭力就化實爲虛不推到市場，商場上較少談虛實，更多談務實。

在商場上並非如戰場上捉對廝殺，基本上是與一群對手競爭或是與大環境競爭，尤其與大環境競爭更是殘酷的考驗，在創新的時代，許多公司並非被昔日的對手所打敗，而是被新的產業所替代。例如，前不久人們還在用硬碟或光碟甚至磁碟來備份數據，現在公司甚至個人都進入「雲」的時代，使用著 Dropbox、iCloud、Google Drive 和微軟的 SkyDrive 等線上存儲服務來保存所有的數據；以往大規模的 DVD 租賃店鋪，已經直接被 Netflix 來視頻點播了；未來 AI 一定會陸續替代出租車與公交車的司機、會計、家庭醫師等等的工作，而全副武裝的機器士兵、無人機也將取代大部分的軍人。所以在商場上更應跳脫當下，回顧過往，跳到未來，在時間軸上來回走幾回，審視察覺大環境的細微演變，要確定公司應變速度能快過大環境的變化速度。倘若以往公司成功的經營模式，在大環境的轉變已寸步難行，需明白「人和」再好，仍需順應「天時」、善用「地利」，懂得「順天則昌」、「逆天擇亡」的道理，再參照《易經》的「變易」，領悟成功是依勢不依人，任何經營模式都是手段，所以脫離不了「通則久，久則窮，窮則變，變則通」的「變易」法則。

所以〈虛實篇〉對商場最大的啓示應該是，**成功不在努力的大小，而最重要是在努力的方向。**

軍爭篇

孫子曰：凡用兵之法，將受命於君，合軍聚眾，交和而舍，莫難於軍爭。孫子說：用兵的原則裡，將領從接受君命，召集各路兵馬，一直到戰場上與敵對峙的安營紮寨，有許多決定要下，其中沒有比爭取／把握**制勝契機**更難的事了。

軍爭之難者，以迂爲直，以患爲利。（爭取／把握）「軍爭」的困難，是面臨以迂迴來取代直線的途徑，捨棄易爲而選擇難做的方式。

故迂其途，而誘之以利，後人發，先人至，此知迂直之計者也。所以採取迂迴的路徑，需向敵人丟出利多的誘餌，（使其判斷錯誤），以爲我軍還未出發，但結果比敵人預期早到達目的地，這是懂得迂直之計的人。

軍爭爲利，軍爭爲危。「軍爭」爲了把利益最大化，但「軍爭」也有其風險。（「軍爭」常進行費時也費力的行動，所以未得其利先承其害。）

舉軍而爭利則不及，動員全軍進行爭利的行動，就會緩慢而不及時，

委軍而爭利則輜重捐。委派輕裝以便快速爭利，則輜重裝備就無法攜帶。

是故卷甲而趨，日夜不處，倍道兼行，百里而爭

利，則擒三將軍，而為了趕路收起保護的鎧甲，為了加倍行進，白天黑夜都不休息，趕百里路（過度）去爭利，則三軍的將領都可能因此被俘獲。

勁者先，疲者後，其法十一而至；健壯的士兵能夠先到戰場，疲憊的士兵必然落後，結果只有十分之一的人馬到達時還有戰力；

五十里而爭利，則蹶上將軍，其法半至；強行軍五十里去爭利，因為軍士僅有一半到達時還有戰力，先頭部隊的主將必然受挫；

三十里而爭利，則三分之二至。強行軍三十里去爭利，結果只有三分之二的人馬到達原有戰力。

是故軍無輜重則亡，無糧食則亡，無委積則亡。基本上部隊沒有輜重就易被消滅，沒有糧食供應就不能生存，沒有戰備物資的儲備（預備部隊、應變計畫）就無以生存。

故不知諸侯之謀者，不能豫交；所以不了解各國的圖謀，就不要和他們結成聯盟（以免未蒙其利，反受其害）；

不知山林、險阻、沮澤之形者，不能行軍；不知道山林、險阻和沼澤的地形分布，不能草莽行軍；

不用鄉導者，不能得地利。不使用當地嚮導，就不能掌握和利用地形優勢。

故兵以詐立，所以用兵就是要欺敵，不能讓敵人洞悉我們的意圖，

以利動，根據是否有利於獲勝來決定行動，

以分和爲變者也。根據雙方情勢做出分開或集中的兵力變化。

故其疾如風，其徐如林，所以部隊迅速時如狂風，緩行時如樹林般整齊，

侵掠如火，不動如山，攻城掠地如烈火吞噬，防禦如大山難以撼動，

難知如陰，動如雷震。軍情隱蔽如陰日難見，大軍行動如雷霆震動。

掠鄉分眾，奪取敵方的財物，分給士兵，

廓地分利，開拓疆土，分給將領，

懸權而動。軍紀與士氣都應該權衡利弊，根據實際情況，再相機行事。

先知迂直之計者勝，此軍爭之法也。率先知道「迂直之計」的將領必獲勝，這就是軍爭的法則。

《軍政》曰：「言不相聞，故爲之金鼓；視不相見，故爲之旌旗。」《軍政》說：「戰場上，聽不清語言，所以用金鼓來指揮；看不到動作，所以用旌旗來指揮。」

「夫金鼓旌旗者，所以一民之耳目也。」金鼓、旌旗，用來統一士兵的眼耳，進一步來統一作戰行動。

民既專一，則勇者不得獨進，怯者不得獨退，此用眾之法也。既然士兵行動都專注統一，則勇敢的將士不能

脫隊單獨前進，膽怯的也不會獨自脫隊退卻，這就是指揮大軍作戰的方法。

故夜戰多金鼓，晝戰多旌旗，所以變人之耳目也。而夜間作戰偏重用擊鼓，白天打仗偏重用旌旗，都有加密的欺騙作爲，避免敵方竊取，兼有欺敵的效果。

三軍可奪氣，將軍可奪心。敵方三軍要先打垮其士氣，敵方將帥要先動搖他的決心。

是故朝氣銳，晝氣惰，暮氣歸。士氣早期如朝氣強盛，中期如過午的晝氣開始逐漸怠惰，晚期如暮氣，衰竭降到最低。

善用兵者，避其銳氣，擊其惰歸，此治氣者也。善於用兵的人，避開敵人的銳氣，在其士氣衰竭時才發起猛攻，這是處理士氣的原則。

以治待亂，以靜待嘩，此治心者也。用嚴整來對治混亂的軍形，用靜音來對治驚惶，這是維持軍心的原則。（敗象不露）

以近待遠，以佚待勞，以飽待飢，此治力者也。以就近進入戰場取代長途跋涉，以從容安逸取代倉促疲勞，以飽食取代飢餓，這是維持戰力的原則。

無邀正正之旗，勿擊堂堂之陣，此治變者也。不要去邀戰旗幟整齊的軍隊，不要去攻擊陣容完整的軍隊，這是處理突變（計畫之外）的原則。

故用兵之法，高陵勿向，所以用兵的原則是：對占據高地之敵，不要做正面仰攻，

背丘勿逆，背倚丘陵之敵，不要做迎擊（小心丘陵後有大軍埋伏，或左右包抄我們），

佯北勿從，對於假裝敗逃之敵，不要追擊，

銳卒勿攻，敵人的精銳部隊不要隨意強攻，

餌兵勿食，敵人的誘餌之兵，不要取食，

歸師勿遏，對有秩序撤退的部隊不要去阻截，

圍師遺闕，對包圍的大軍，要留缺口，（衡量自己能力做減壓動作）

窮寇勿迫，此用兵之法也。對於陷入絕境的敵人，不要過分逼迫，這些都是用兵的基本原則。

心得分享

以迂為直，以患為利

《孫子兵法》前幾篇談的作戰準備、戰略部署，都是爲了提高戰力，還有談到戰場上一旦戰鬥展開，現場指揮官如何依戰場上各種狀況處理，所有的攻防方略與對應方法，都還算標準的作業流程。但在〈軍爭篇〉一反常態說：「*以迂爲直，以患爲利*」提出以迂迴路線來取代直線的途徑，與捨棄易爲的做法而選擇難做的方式。在表面上這些做法違背直覺上、甚至在數學上，兩點之間最近、最快的走法是直線而行，而且迂迴不只費時也費

力。但在現實世界許多場合裡，迂迴前往的確比直線前進還快能到達目的地，因爲迂迴走了敵人沒有預料的路徑，在不驚擾敵人下行動就沒有危險，若能繞到沒有防備的背部，實行從天而降的突擊，勝利就易如反掌。列寧說過一句名言：「共產主義的推行中，由莫斯科到巴黎最近的走法是經由北京而到達。」指得就是這個道理。

公元200年，袁曹兩軍正於官渡（今河南中牟）對峙，曹操的兵力、糧草都遠不如袁紹，正處於決戰的關鍵時刻，袁紹的謀士許攸投奔曹操。曹操聞聽許攸來見，竟顧不上穿鞋奔出，請許攸入座相談。許攸獻計：今曹軍是孤軍獨守，既無援軍、亦無餘糧，不利久耗。現在袁軍有糧食存於烏巢但防備不足，只要派輕兵急襲烏巢燒其糧草，袁軍眾多補給不及下，情勢將逆轉！於是曹操親率5,000步騎兵攜帶柴草，打著袁軍旗號，抵烏巢後從四面縱火圍攻，將屯積的全部糧草和車輛焚燬。烏巢糧草被燒的消息傳至官渡前線，袁軍軍心動搖，內部分裂，張郃與高覽臨陣反叛，投降曹操。至此，袁紹大軍急驟崩潰，官渡戰勢急轉直下，曹軍取得了最後勝利。

軍爭為利，軍爭為危

「軍爭」的難，不只在執行的難，而下決定亦是更難，因爲戰情瞬息萬變，攻防時突然出現了破綻，是制勝先機還是陷阱？是立刻調動兵力，火中取栗冒險搶下勝利的果實？還是再花時間偵測、評估？這就是考驗指揮官的智慧，所以〈軍爭篇〉強調「軍爭爲利，軍爭爲危」。拿下勝利固然重要，但風險是皮肉之傷？筋骨之痛？還是生命之危？也得了解自身承受力後再做取捨。假設敵人已經潰敗沒有任何防禦力，是可以把完整隊形拆開，甚至把妨害速度的重裝備卸下以提速追趕敵軍，萬一敵人是設計好陷阱等著，那就著實跳入圈套。在二戰開始時，德軍首次利用了坦克，對露出缺口的敵方實行「閃電戰術」，組成速度與重打擊力的追擊，尤其德國隆美爾與後來美國的巴頓，都是精通軍爭的使用時機。

孫子在介紹標準攻防的兵法後提出「*以迂爲直，以患爲利*」，就像由「見山是山」轉到「見山不是山」，因爲「*迂、患*」僅是軍事的「手段」，其軍事「目的」仍呼應了〈虛實篇〉所強調「以實擊虛」的理論，如同要擊倒對方，就是以重拳攻擊沒防禦力的腰部、背部。同樣作戰不外乎是集中兵力、迅速猛烈攻擊，但對付更強的對手時，還得加上欺敵的成功，才能打到對方弱點。不管進攻手段爲何，核心都得有「*出其所不趨，趨其所不意*」的精神，才能掌握主動權，而達到「制人而不受制於人」。所以「*以迂爲直，以患爲利*」的背後邏輯點出「見山還是山」。

戰國時代的趙國無法抵擋魏國攻擊，而向齊國求救，齊國孫臏採用「圍魏救趙」的戰術，攻擊魏國首都大梁（今河南開封），迫使龐涓回防。孫臏接戰後就撤退，還將煮飯用的灶爐逐日減少，讓後面追擊的龐涓誤以爲齊軍主力已逃潰，而親自以輕裝追趕，結果中伏，戰敗陣亡。歷史上許多將領被小小的勝利沖昏了頭，在不確定敵手是敗北還是設陷阱，就立刻乘勝追擊，而爲了追上敵手，不惜拋下重裝備，急行軍再加上日夜趕路，無形中把自己的優勢也都拋棄了，最後把命運交給了敵人。

「軍爭」就是把看似不利我們的條件，悄悄地掩護變爲有利的條件；把敵人認為的死路，開闢為一條活路，等到敵人警覺到時，制勝先機已經到手。要完成「軍爭」的目的，除了本身要有膽識、能力外，一定需要外在的必要條件（像伐交、地形等）配合，才能做到「*出敵所不趨，趨敵所不意*」的結果。「軍爭」不只應用在進攻，而是在攻防中能爭到制人的先機，做到進退自如。兩軍對陣如果補給線被切斷的一方，沒有輜重、沒有糧食、沒有委積下，戰力會迅速消退，必須果斷行動，否則最後只能投降。隆美爾的北非大撤退與英法聯軍敦克爾克（Dunkirk）大撤退，都是在補給線被切斷下，果斷採取的正確行動。

這種謀定而後動的程序，在經營事業就是「計畫，執行，考核」的行動三部曲，在目標嚴訂清楚後，如果事先能考慮周全，手段（計畫）就該益形清晰，則執行起來就能得心順手。有了計畫則事後考核時就有依據，不僅可考核出問題是出在計畫面或是在執行面，而且日後的行動之前，更會在擬出計畫時，對實際狀況做好切實的調查與評估，如〈虛實篇〉所提到「*知戰之地，知戰之日，則可千里而會戰*」。80年底90年代初，臺灣的股市莫名的異常熱絡且高獲利。EPS（本益比）超過50是比比皆是，甚至過百亦不足為奇。當時與德國商業銀行的投資部門的主事者聊天時，曾詢問為何德國未考慮投入如此高報酬率（且費用低廉）的臺灣股市。他的答覆卻是一語中的。他說（那年代）臺灣上市公司的資料不健全，無法正確分析風險，就無法決定進出場的時間。如此之下，德國投資機構在不知怎麼賺到錢，亦會在相同狀況下賠錢，這是比賭博更危險的舉動。高利潤的背後必然是高風險，不要只想成為一個高獲利的獵人，卻因此成為別人的獵物。

既然「軍爭」行動本身是費時也費力，就不能讓敵人洞悉我們的意圖，特別要注意敵人是否還繼續在睡覺，或原假設的條件還繼續存在，時時根據最新情勢做出分兵或集中的兵力變化。人在成功將近時，容易被喜悅的感情沖開原有的理智，誤以爲敵人是不堪一擊，或自己是神的化身，於是亂了章法。春秋時有一位叫曹劌的軍事家，曾向魯莊公說明啓動「軍爭」程序前，先要確定自己的假設是正確的，若假設敵軍已潰敗，就得查證是否有潰敗的徵狀，像軍旗都丟棄或捲收起來，再加上車輪印與退兵腳印是否雜亂無序，從而判定敵軍已潰敗，才可以放手追逐戰功與戰利品。

風火山林

日本戰國時代有一名將武田信玄訓練出的騎兵，即標榜「疾如風，徐如林，侵掠如火，不動如山」的特質，武田軍東征西討、南伐北攻打出一番轟轟烈烈的業績，若不是肺癆早逝則幕府大將軍可能爲武田姓。「風火山林」是截然不同的特質，如果一支軍隊能如同君子不器，在不同任務下，都能轉換成不同特質來完成，則是孫子心中的理想軍隊。

一般強者大都可以做到「疾如風，掠如火」，但能動不能靜，無法放軟身段，做不到「徐如林，不動如山」，更別提〈軍形篇〉所說的*修道而保法*，以待成功契機再臨之日。一般人都以爲做事中「**做**」是目標，而忘了「做」是手段，而「**事**」才是目標。有時「不做」反而能離目標的「事」更近些，因爲要等到外在條件成熟時，「做」才能達到要完成的「事」。道理雖簡單，許多人臨事時，大多沉不住氣，吃不下虧。而忘了「等待」亦是

「做事」中必然有的一個階段。

大自然是「朝氣銳，晝氣惰，暮氣歸」，士氣如同陽氣無法一直維持著，就像曹劌解說的「一鼓作氣，再而衰，三而竭」。所以攻擊敵人的時機要選擇避其銳氣，擊其惰氣，此即所謂的「治氣」。在防線上的重要據點快被突破時，孫子提醒除了增派兵力外，還要「以治待亂，以靜治嘩」來維持士氣，不但自己處於治與靜的狀態，此時還能向敵人丟出軍心仍穩定的信息，就可以做到「*奪敵將的心*」，不知把更多的兵力調來突破缺口，像諸葛亮在空城計裡做出偃旗息鼓的動作，就動搖了司馬懿的判斷而趕緊退兵。

古代作戰時以旗、鼓來齊一軍隊的行動，這猶如物理學的鐳射原理，採用單一頻率的光，使其各波峰與波峰，波谷與波谷齊一，而達到能量集中的目的。軍隊亦是如此，許多人若意見不同心不合，行動能量必散發甚至彼此干擾而減弱。軍隊所以能發揮群體力量，是從齊一行動下手，但健康的社會不是軍隊，不能只有一種聲音，如同這個世界不是只有單一頻率產生的單一顏色的光，而是各種頻率構成繽紛色彩的世界。

軍爭爭什麼？爭的都是利益罷了，是國君爭的是勝利，爲將領爭的是戰功，而士兵爭的是活下來。爲將者，只能知迂直之計而懸權而動，手段對錯與否常與維持士氣有關，但這些手段就是戰爭殘酷的背後推手。

「一將成名萬骨枯」，戰爭就是鼓動獸性獸行，許多名將爲了士氣的提升，則軍紀、道德、旁人生命與財產都可用上，許諾將領開拓疆土、封侯分利，更許諾士兵擄掠敵方百姓的財物、生命。許諾「*掠鄉分眾，廓地分利*」是「軍爭」取捨人性與獸性之難。韓信要劉邦封他爲齊王後，才肯繼續率兵攻打項羽。還有明末清兵在攻下揚州後，日本攻下南京後的大屠殺，都是帶隊的將領要士兵捨命攻城前，公開許諾在血戰後**無軍紀下**的胡作非爲。唯有美國林肯總統在南北戰爭時，每次帶領將領祈禱時說：「我不敢禱告求上帝來站在我這邊，但我禱告上帝讓我站在祂那一邊。」提醒將領要和上帝站在同一邊，不要只爲得勝而喪盡天良。

追擊敗兵的八不作為

最後孫子提出軍爭時，即使在擴大戰果追擊敗兵時，有八種情況不要輕易嘗試。第一大類是敵軍的戰力還存在，「高陵勿向，背丘勿逆，銳卒勿攻」，這些部隊不是占有地利的優勢，就是本身的戰力還非常強大。第二大類是不要跳入「陷阱」，像「佯北勿從，餌兵勿食」，尤其要明瞭地形的改變，有無伏兵的可能。第三大類是不要去逼敵軍拚命，像「歸師勿遏，圍師必闕（給一逃路）窮寇勿迫」，狗急都會跳牆，何況逼迫一群持刀的士兵？

同樣我們在兵敗的情況下，即使追兵來搶奪利益也不會花太多、太大的力氣，而會挑最軟的柿子來吃，若部隊撤退能不慌不亂，表現出「正正之旗，堂堂之陣的部隊」，則追兵絕不會輕易來挑釁。就像有些防盜系統無法絕對阻擋偷竊，但防盜系統構成的不方便，足夠讓小偷跳過你的車子去找別人的車下手。

「軍爭」讓對的行動在對的時間，決定了勝負而避免了曠日廢時的僵持。「軍爭」也像財務的槓桿支點，阿基米德說過：

「給我一根夠長的槓桿和一個可以安放的支點，我就可以移動地球。」許多財富都是因為找到了財務槓桿而快速累積，但同理也會有相反結果，在賭場贏了些小錢的賭客，在商場上初嘗成功的公司，不明事理急速加碼擴張，在自我資金不足下，用借貸來做高桿槓，跳過風險管理，造成舉債過度，營運的財務成本過高，債務沉　的企業可能腳步踉蹌、一路蹣跚，這種做法的公司大多數最後都走向破產。

〈軍爭篇〉提醒指揮者要知迂直之計，以迂為直，以患為利，不要有短視之見。為人處世亦是如此，除了空間上的迂迴，時間上的迂迴亦是如此，所謂「事緩則圓」，有些事需緩一下，對立的態度退一下，等時空一變，經常又是不同局面的態勢。對親人與值得長期交往的朋友，即使知道錯在對方，不需要「得理不饒人」地追擊，此時看破不說破的「難得糊塗」，也是種以迂為直，以患為利，這算是〈軍爭篇〉的啓示。

九變篇

孫子曰：凡用兵之法，將受命於君，合軍聚合，孫子說：用兵的原則，將領接受到國君的命令後，召集人馬組建軍隊，

圮地無舍，在難於通行之地不要駐紮，

衢地合交，在四通八達的交通要道要重兵駐紮占據（軍事要地設在旁邊），

絕地無留，在（補給困難、易攻難守）難以生存的地區不要停留，要趕快通過，

圍地則謀，在四周有險阻包圍保護的地區要謀劃成獨立的軍事要地，

死地則戰，在（有軍事價值的）死地則必須堅決作戰。

途有所不由，有些道路不要走，

軍有所不擊，有些敵軍不要打，

城有所不攻，有些城池不要攻，

地有所不爭，有些地域不要爭，

君命有所不受。君主的某些命令不要接受。

故將通於九變之利者，知用兵矣；所以將帥要精通「九變」的具體運用，就是眞懂得用兵；

將不通九變之利，雖知地形，不能得地之利矣；若

將帥不精通「九變」的具體運用，就算熟悉地形，也不能得到地利。

治兵不知九變之術，雖知五利，不能得人之用矣。指揮作戰如果不懂「九變」的方法，即使知道「五種地利」的標準處置做法，也不能充分發揮部隊的戰鬥力。

是故智者之慮，必雜於利害，智慧明達的將帥考慮問題時，必然把利與害一起權衡。

雜於利而務可信也，（遇到顯性的不利條件時，）同時考慮隱性的有利條件，事務就能夠進行；

雜於害而患可解也。（看到顯性的有利因素時，）同時考慮隱性的不利因素，禍患就可以避開。

是故屈諸侯者以害，因此用武力（害）使諸侯屈服，

役諸侯者以業，用恐嚇迫使諸侯出錢出力（役），

趨諸侯者以利。用利益爲釣餌去調動諸侯。

故用兵之法，無恃其不來，恃吾有以待之；所以用兵的原則是：不抱敵人不會來的僥倖心理，而是依靠我方有充分準備，嚴陣以待；

無恃其不攻，恃吾有所不可攻也。不抱敵人不會攻擊的僥倖心理，而是依靠我方堅不可摧的防禦，不會被戰勝。

故將有五危，所以將領有五種重大的危險：

必死可殺，堅持死拚硬打，可能招致殺身之禍；

必生可虜，貪生怕死臨陣畏縮，則容易被俘；

忿速可侮，性情暴躁易怒，可能受敵輕侮而失去理智；

廉潔可辱，過分潔身好虛名，可能會被羞辱而被調動；

愛民可煩。由於愛護民眾，可能受不了敵方的擾民行動而浪費軍事資源。

凡此五者，將之過也，用兵之災也。所有這五種情況，都是將領最容易有的過失，是用兵的災難。

覆軍殺將，必以五危，不可不察也。軍隊覆沒、將領犧牲，必定是因為這五種危害，一定要認識到這五種危害的嚴重性。

心得分享

孫子將戰地區分出五種軍事意義（圮地、衢地、絕地、圍地、死地），這好比是色彩學的三種基本顏色（三原色）紅、藍、綠，而所有的戰地、據點、城市、地形，具備多種的軍事意義，可能身兼衢地與死地之特點，或具圍地與死地之雙重特性，但都可從這五種角度來歸類地形的組成特質：

1. 圮地無舍：「圮地」是指山林險阻，沼澤難行之道。因此人員，車馬難以通行，在行軍或補給都非常困難，對戰力自然是大打折扣，自然不適合駐紮。在商場上，若市場產業所需要的技術層次遠高過公司的技術能力、或要達到投資回收效應的產能規模過大、或對公司財務能力是過於沉重負擔、或欲進入市場的通路商或買家之條款過於嚴苛，則是廠商的「圮地」，公司不宜投入資源在此領域。

2. 衢地合交：「衢地」是寶地，有先到者得天下的價値。這種地方必然是資源豐沛，人力物力群聚，還可以快速向四方發展之要道。如此重要之地，自然是務必早人一步進入，需派重兵駐紮占據，以確保充沛資源的獲取。在商場上，「衢地」是指將出現或已出現的巨大市場。而先進入者，不但獲利巨大亦可以卡位，是不可缺席的主流市場。

3. 絕地無留：「絕地」是易攻難守之地，就算今日得到明天亦是很難守住，所以不値得留置兵力防守。在商場上，是指沒有技術性的產業，任何人都可以隨時隨意而進入，這類產品大都屬於低利潤、低價位、低技術。基本上，除非帶有「絕地」性質的市場規模夠大，公司也達到經濟規模能獲利，否則公司進入此種市場是危險。

4. 圍地則謀：「圍地」是進入的道路狹窄且彎曲漫長難入，是易守難攻之地。在軍事上這類地都屬於兵家必爭之地，若在進攻與輸送必經之路，則想辦法拿下，已拿下更是要重兵防守。在商場上，「圍地」像是屬於進入門檻高的利基產品。利基市場並不完全是技術爲門檻，市場小、法規不明等困難度，仍會使不到位的小廠難進入，大廠因市場太小而不想進入。所以屬圍地的市場是中小型公司尤其需全力尋找與經營之地。

另一種「圍地」是巨型公司必謀，就是新產業的標準制定與技術的專利。一旦產業的標準被市場接受或有專利的零件甚至技術被業者採用，將變成商品必經之路，則是擁地坐收過路費，財源滾滾通四海了。

5. 死地則戰：「死地」是指奮戰可能存，不奮戰則亡之地。

求生存是生物的本能，不管是植物、動物與人類，一旦面臨到死生關頭，則其求生欲會激發出生命的潛能，其力量是不可與平常同日而語。故在指揮上有一句術語：「置之死地而後生」。秦末各國反抗秦帝國統治，項羽在其叔父——項梁戰死後，面臨強秦的壓力，卻以破釜沈舟之戰術，使得全體軍隊知曉唯有打敗秦兵才有生路。結果楚軍竟可獨自與秦軍大戰數日，而最後大敗秦軍，決定了秦朝的敗亡。原先畏懼一旁的各路諸侯在晉見項羽時，進入帳營都自動曲膝下跪，而不敢舉目面對項羽。

二戰盟軍在諾曼第登陸後，緊接著必須找一個港口做裝卸補給，不能僅依靠諾曼第幾個海灘和人工港。旁邊科坦登半島上的瑟堡就成了首選目標。德軍守在瑟堡是以東歐人爲主的傭兵，守在異地是沒處跑的「死地」。在美軍的三個師進攻科坦登半島後，到 6 月 26 日瑟堡守軍就支持不住了，只剩一個有 8 英尺厚的混凝土工事的據點了，是糧食彈藥充足的軍械庫，足以堅持好一陣子。美軍派了個心理戰小組，用麥克風向守軍喊話招降。不一會兒，軍械庫的指揮官出來談判。他說：「我們可以向大炮投降，不能向那個麥克風投降。給點面子，關上那個麥克風，再打幾炮過來。」他回去後，美軍就放了幾炮，之後 400 名守軍如約集體列隊出來投降了。德軍安排東歐人在法國防守，是置於「死地」的安排，但美軍的招降動作，就解除「死地」的特性。所以瑟堡城防司令被俘後說：「你不可能指望，一些東歐人，在法國人的土地上，爲了德國人的利益，而與美國人和英國人拚命」。

在商場上，每家公司都在培養會下金蛋的母雞。當有競爭者威脅到公司賴以維生的母雞時，就得傾全公司之力而拚命，否則公司將難以爲繼。1990 年 Microsoft 推出 Windows3 到市場上時，整個 PC 業者與使用者一片叫好，然而 IBM 卻發出最後通牒書，要求微軟停止 Windows3 的開發，專心為 IBM 發展其專有的圖形操作系統 -Presentation Manager（後正名為 OS/2），否則將終止所有操作系統之合作。結果 Bill Gates 之回應是 Windows（視窗）是 Microsoft 的未來。不管 IBM 威脅要撤銷 OS/2 之開發合約，更是盡公司之全力發展 Windows，最後不但殺出 IBM 的封鎖，且建立了自我品牌而名利雙收。

這五種地形特性在軍事上是將領必須清楚的基本常識，如同商場上的行銷（marketing），有以產品為中心的行銷 4P（position——定位，product——產品，pricing——定價與 place——通路），或是以消費者為中心的行銷 4C（consumer's needs——顧客需求，cost ——成本，communication——雙向交流溝通，convenience——便利性），或是將兩者結合的行銷 7P（即是 4P 加上新 3P，participant——人員、physical evidence——有形的展示，指服務環境與氛圍和 process——過程），是從事銷售的主管都必須清楚的基本行銷常識。

今天看來 IBM 犯的錯誤是「最後通牒（ultimatum）」的決定與時間。當初 IBM 比其他大型電腦公司晚進軍 PC 市場，但採取策略找上 Microsoft 發展 PC-DOS，達到「後人發，先人至」的致勝要機而大獲成功，雖然合約中允許 Microsoft 可以賣 MS-DOS 給其他 PC 廠商，讓 Microsoft 賺了許多「一魚兩吃」的橫財。但 IBM 的外制策略使其在 1981 年後成為 PC 市場的主流，像王安、DEC 與其他共七家大型電腦廠商，比 IBM 先進軍個人電腦，但策略輸了 IBM，淪為七矮人而最終澈底消失，所以這外制策略裡 IBM 獲利還是遠大於 Microsoft 的利益。

若擁有多處「衢地」的IBM在後來圖形的操作系統發展過程中，依其「共主」優勢將Microsoft轉變爲協力商位置，要嘛將Presentation Manager比Microsoft之Window 1.1早推出市場，以搶標準化的主導位置，或在Windows 2.0推出失敗時，將Microsoft合約限制住。最糟是Windows 3.0的明顯成功下，未要求Microsoft需傾全力將Windows 3.0中之精華優點納入OS/2之中，反而是撕毀合約。結果長硬翅膀的Microsoft Windows 3已被消費者接受，成爲個人電腦的標準。個人電腦的核心是操作系統（OS），是PC市場的「衢地」，不但制定電腦操作標準，還可以快速向電腦四方發展之要道。此後PC市場由IBM PC Compatible成爲Windows Compatible，從此Windows3由「衢地」加了「圍地」的元素。

五種地形的軍事意義只是基本常識，〈九變篇〉重要的是談到變化與應用。在此九變的九不是數字，而是形容詞指變化無窮。在軍事上，軍隊的指揮官需對大軍人員行進路線、糧食武器等運送路線、預期交戰地的制高點與欲爭奪的軍事據點，都得依地形地物的特性做**超前部署**。〈軍爭篇〉是**機會**與**風險**的取捨，對於乍現出現的制勝先機，需採用與常態完全相反的迂迴動作，所以說*軍爭爲利，軍爭爲危*。而〈九變篇〉針對貌似無法達成的目標，跳出理想的標準作業，「*雜於利而務可信也，雜於害而患可解也*」，以接受不完美的結果爲出發點做手段的變通，〈九變篇〉在**現實**與**理想**中妥協，所以適用時機比〈軍爭篇〉更多些，其差別是步步爲營，積小勝爲大勝。

在商業歷史的失敗案例裡，嘗試避免失敗的思考，作爲腦力激盪的練習。例如，IBM最初拿Microsoft發展的DOS，是藉傭兵替駐紮占據「衢地」，之後應該在適當的時間用自己的重兵來駐紮，並吸收此地豐沛的資源發展為「圍地」，至少「最後通牒」是在計畫發展圖形的操作系統前買下 Microsoft，則 PC 的歷史將完全圍繞在 IBM 上面。在公司與有生命週期的發展道路上，每一個階段的生存重點與手段是大為不同，同一個階段內採慣性做法是省力且正確的，但轉折點就是關卡考驗，上等的決策者能做到**超前部署**，中等的決策者能做到**察窮知變**，到了轉折點還不知變通，這是**怨天尤人**的決策者。

注意在戰情的變化下，軍事據點的意義也會隨之變化，其重要性也會增減，地利的意義是相對性，而不是絕對性地存在。所以孫子在介紹完「五種地利」之基本特質與對策後，緊接著介紹「五不」觀念。提出「*途有所不由，軍有所不擊，城有所不攻，地有所不爭，君命有所不受*」。這背後的意義還是「審勢度時，而因勢利導」，同時也點出〈九變篇〉的核心——窮則變，變則通。說明戰場不知九變之術，則空知五種地形特性，亦無法眞正利用這些地利。

Apple iPod 是一代表性的例子。當年 MP3 就被認為是低技術、低價位、低利潤的產品，所以產品特性是屬「絕地」。但是 Apple 能將一個「絕地」的產品先轉化為「圍地」，使 iPod 幾乎霸占了中高階 MP3 的市場，在幾次的衝刺而吃下整個原 Sony-Walkman 的市場，最後成為「衢地」，其成功主因是 Apple 在 iPod 上加了三個特點：

1. 利用自己強大的軟體能力，下載音樂的速度比任何其他家的速度快了許多。這在早期對所有的使用者都為之驚艷，而趨之若鶩。

2. 利用外形將其定位拉高，一掃當時 MP3 低價位形象。因此消費者願意付較高的費用購買，使得其硬體上的利潤遠超過同業之數倍。

3. 最重要的是對消費者做成全套服務，即將音樂歌曲納入 Apple iPod 銷售體系。所以 Apple 不只賺了 iPod 之利潤，其用戶也源源不斷一再上 Apple 網站購買音樂之使用權。由此累積之客戶群與利潤是 Apple 由谷地上升的關鍵點，而以此種服務來卡位，使得其他 MP3 的提供者，即使如 3C 產品巨人 Sony、Philips 可以像 Apple 一樣提供相等級的 MP3 產品，但是還得再加上「強大而便宜的購買音樂服務」，終因落後太久，邊際效應全被 Apple 占去。

原先各大廠都認爲 MP3 技術層次不高，沒有門檻擋住小廠以低價位進入市場所以會造成低利潤。結果 Apple 巧手一變，「清水變雞湯」是很補的呢！Apple 加入新的元素後，使得被大廠認爲絕地的 MP3 成爲 iPod 的衢地。

Steve Jobs 本身就是 CEO，所以他不算是「*君命有所不受*」，但絕對是「規則有所不受」。Apple iPod 在 MP3 的表現就是讓所有資訊大廠、消費性大廠像 Sony、Philips、HP 等的眼光相形見絀，大家原都以爲 MP3 是「絕地」沒有利潤，沒有明天。結果是讓 Apple 獨占天下，後來 Apple 的創造力還不斷拓新市場——iPhone 與 iPad，一再注入新的版土與收入，已沒有一塊單獨市場是占 Apple 過半數之收入與利潤了。

而商場上對五地的失敗案例還是 IBM，她不只在電腦操作系統做錯決定，還在硬體策略上犯了錯誤。在 ISA 已不足應付大量資料傳輸的年代，IBM 提出更好的 BUS 結構 Micro Channel

Architecture（MCA），卻如同 Sony 在錄放影機試圖用 Beta 標準把所有對手排除市場，而當年松下推出 VHS 聯手所有對手得到最後勝利。IBM 犯了相同的錯誤，想藉由高額的權利金，圖謀以此把對手排除市場外，結果這次是 Compaq 跳出，聯合所有 PC 廠商推出 EISA 之標準，幾年後更被 Intel 推出 PCI 標準取代，不但規格制定權不保，坐地收取 PC 專利金的來源逐步失去，終於把剩餘資產賣給中國的聯想電腦而收場。

〈九變篇〉屬戰術層面，是以形而下的「器」，來詮釋形而上的「道」，在實用上手段僅是用來達成目的的選項，是發揮原有戰略本意的權宜之計。事先衡量考慮各項的「利害得失」，如果事情遲早都得解決，則越早準備越好，在時間軸上由點到線地衡量利害得失的演變，提早地布局自然能掌握主動權。當需攤牌時，就可以兩害取其輕，兩利取其重（*雜於利而務可信也，雜於害而患可解也*），就不會患得患失也不會錯失良機。在商業市場上，市場是會隨著政治、科技、文化、法令，甚至人心而變換著，幾乎比戰場動態更難掌握，這因為商場是一個開放空間，任何廠商都可以加入，且供應鏈裡的每一環節都可以改變遊戲規則，使得市場態趨變化多端。戰場是一國對一國或一集團對一集團之間的對抗，對手與夥伴是長期穩定的，但商場競爭者之間的合縱與聯橫是常態且頻繁，英文的 cooperation（合作）與 competition（競爭）結合而成 coopetition「競合」，最能詮釋商家在商場上的正確態度。

所以在商場競爭，也要懂得對員工、外部夥伴、甚至競爭對手借力使力，「*屈諸侯者以害，役諸侯者以業，趨諸侯者以利*」用法律（害）使合作夥伴屈服是短期方式，或用約定恐嚇使合作夥伴出錢出力（役），最好是利益使合作夥伴跟隨。這如同「上智之君用眾將之智，中智之君用眾將之力，下智之君用己之力」的分野。昔日漢高祖劉邦就是善用張良、蕭何、韓信等一大群將相之智，而不是指揮他們去 力；相對地，西楚霸王項羽卻是把韓信當奴才命令，棄謀士范增不用，是典型的「下智之君用己之力」。

此篇還提到用兵的名言：「*無恃其不來，恃吾有以待之；無恃其不攻，恃吾有所不可攻也*」。不只是國家，公司亦需經常沙盤推演各種狀況，對於可能的危機都需備有處理要則，事到臨頭才不會手忙腳亂而抓不到重點。

最後孫子提醒領導者不要有五種太強烈的特質弱點，有這些特質的領導者在非常狀況下，就會採取「似是而非」的錯誤決定。像只知進不知退的勇者持有「不成功便成仁」想法，就會陷入「必死可殺」的危機；只想逃生而無法承受壓力，在面臨危險時，就會有「必生可虜」的危機；無法控制自己強烈的情緒，讓敵人可以利用「忿速可侮」而自亂陣腳；個性上有虛名潔癖的人，敵人會利用「廉潔可辱」、「愛民可煩」而讓他在名聲洗清上耗費寶貴的資源、來分散戰力。

所以覆軍殺將的五危，都是堅持標準作業的手段，不管能達到目的與否，而忘了滯礙難通，就是該變才能通。事實上，即使個人在處理事務都不該率性而爲，更何況在團隊中負責全體安危的領導者。上述五點並不全然是缺點，算是特點，但特點一旦變成慣性反應，甚至自以爲是，則容易落入有計謀敵人的算計中。如同《論語・子罕篇》子絕四：毋意（勿主觀），毋必（勿絕對），毋固（勿固執），毋我（勿唯我）。就是提醒我們要知變通，要達成不可能的任務，就要突破原有的枷鎖，孔子曾指正子路說：「暴虎馮河，死而無悔者，吾不與也。必也臨事而懼，好謀而成者也」。

金剛經就以四句偈：一切有爲法，如夢幻泡影，如露亦如電，應作如是觀，來提示信徒勿以僵化或固定的手段、途徑、形式，來修練不同層次的佛法。在商場甚至人生旅途上，難免會空轉或難行，當滯礙難時不妨學習「上善若水」，水遇到阻礙時，有能力就衝破阻礙，無法衝破就迂迴轉向，再沒能力就累積能量等情勢改變。即使偉人們以往的那些成功作爲，都是有爲法，只在那時的時空下可行，當時、空、人不同了，法必然有所不同，我們應當堅持原有的目標，而不是堅持原有的手段。

行軍篇

行軍、接戰

孫子曰：凡處軍相敵，絕山依谷，視生處高，戰隆無登，此處山之軍也。孫子說：部署軍隊與敵對陣，越過山頭依著河谷，紮營時要選擇居高向陽的**生地**，避免仰攻高地的敵軍，這是軍隊在山地上的處置原則。

絕水必遠水，客絕水而來，勿迎之於水內，令半渡而擊之利，橫渡江河後應遠離江河駐紮，敵人渡水來戰，不要在江河中迎擊，而要等它渡過一半時再攻擊。

欲戰者，無附於水而迎客，如果要同敵人決戰，不要緊靠江河邊列陣；

視生處高，無迎水流，此處水上之軍也。在江河地帶紮營要居高向陽，不要面迎水流，這是軍隊在江河地帶上的處置原則。

絕斥澤，唯亟去無留，若交軍於斥澤之中，必依水草而背眾樹，此處斥澤之軍也。通過沼澤地帶，要迅速通過不要逗留；如果與敵軍相遇於沼澤地帶，那就必須靠近水草而背靠樹林，這是軍隊在沼澤地帶上對的處置原則。

平陸處易，右背高，前死後生，此處平陸之軍也。在平原上占領交通方便地域，而側翼要依託高地，前低後高。這是軍隊在平原地帶上對的處置原則。

凡此四軍之利，黃帝之所以勝四帝也。以上四種「處軍」的原則，就是黃帝之所以能戰勝其他四帝的原因。

紮營、布陣

凡軍好高而惡下，貴陽而賤陰，養生而處實，軍無百疾，是謂必勝。大凡駐軍選擇乾燥的高地，避開潮溼的窪地，選擇向陽之處而避開陰暗之地，取水方便軍需供應充足，將士百病不生，這樣就有了勝利的基礎。

丘陵堤防，必處其陽而右背之，此兵之利，地之助也。在丘陵堤防紮營，必須占領它向陽的一面，並把主要側翼背靠著它。這對接戰時有利，可利用地形幫助戰力。

上雨水流至，欲涉者，待其定也。上游下雨則洪水可能突然湧至，若要涉水渡河，應等待水流稍平緩之後。

特殊地形

凡地有絕澗、天井、天牢、天羅、天陷、天隙，必亟去之，勿近也。凡遇到或通過「絕澗」、「天井」、「天牢」、「天羅」、「天陷」、「天隙」這幾種地形，必須迅速離開，不要接近。

吾遠之，敵近之；吾迎之，敵背之。我們應該遠離這些地形，而讓敵人去靠近它；作戰時我們應面向這些地形，而讓敵人去背靠它。

軍旁有險阻、潢井、葭葦、林木、翳薈者，必謹慎復索之，此伏奸之所處也。軍隊兩旁遇到有險峻的隘路、沼澤、蘆葦、山林和草木茂盛的地方，必須謹慎地反覆搜索，這些都是敵人可能埋設伏兵和隱伏奸細的地方。

敵情分析

敵近而靜者，恃其險也：敵人離我很近而平靜，是依仗有險要地形；

遠而挑戰者，欲人之進也：敵人離我很遠但挑戰，是想誘我前進；

其所居易者，利也：敵人之所以駐紮在平坦地方，是它有某種好處。

眾樹動者，來也：許多樹木搖動，是敵人隱蔽前來；

眾草多障者，疑也：草叢中有許多遮障物，是敵人布下的疑陣；

鳥起者，伏也：群鳥驚飛，是鳥下有伏兵；

獸駭者，覆也：野獸駭奔，是敵人大舉突襲；

塵高而銳者，車來也：塵土高而急，是敵人戰車駛來；

卑而廣者，徒來也：塵土低而寬廣，是敵人步兵前來；

散而條達者，樵採也：塵土疏散飛揚，是敵人正在砍柴取木；

少而往來者，營軍也：塵土少而時起時落；是敵人正在紮營。

辭卑而益備者，進也：敵軍使者措辭謙卑卻又在加緊戰備的，是準備進攻；

辭強而進驅者，退也：措辭強硬而軍隊又做出前進姿態的，是準備撤退；

輕車先出居其側者，陳也：輕車先出動，部署在兩翼的，是在布列陣勢；

無約而請和者，謀也：敵軍尚未受挫而來講和的，是另有陰謀；

奔走而陳兵者，期也：敵軍急速奔跑並排並列陣的，是在其計畫內的；

半進半退者，誘也：敵軍半進半退的，是企圖引誘我軍。

杖而立者，飢也：士兵倚著兵器而站立的，是飢餓的表現；

汲而先飲者，渴也：供水兵打水自己先飲的，是乾渴的表現；

見利而不進者，勞也：見利而不前進爭奪，是疲勞的表現；

鳥集者，虛也：軍營上聚集鳥雀的，是空營；

夜呼者，恐也：軍隊夜間驚叫的，是恐慌的表現；

軍擾者，將不重也：軍營驚擾紛亂的，是將領沒有威嚴的表現；

旌旗動者，亂也：旌旗搖動不定，是隊伍已經混亂。

吏怒者，倦也：軍官容易生氣，是疲倦的表現；

殺馬肉食者，軍無糧也：殺馬吃肉，是軍隊無存糧了；

懸缻不返其舍者，窮寇也：部隊不返營房，且汲水器具都收拾（打包）了，是已移防了；

諄諄翕翕，徐與人言者，失眾也；遲鈍拘謹，低聲下氣同部下講話的，是將領失去人心；

數賞者，窘也；不斷犒賞部屬的，是之前不當管理；

數罰者，困也；不斷懲罰部屬的，是受困於管理無能；

先暴而後畏其眾者，不精之至也；先錯誤粗暴，後（因反彈）卻因此畏懼部下，是最不精明的管理；

來委謝者，欲休息也。派來使者送禮言好的，是敵人想休兵息戰；

兵怒而相迎，久而不合，又不相去，必謹察之。敵人逞怒同我對陣，但久不交鋒又不撤退的，必須謹慎地觀察他的企圖。

教戰守則

兵非貴益多也，惟無武進，足以併力、料敵、取人而已。打仗不在於兵力越多越好，只要不輕敵冒進，並**集中兵力**、**判明敵情**、部隊能**確實執行**命令，也就足夠了。

夫惟無慮而易敵者，必擒於人。那種既無深思熟慮而又輕敵的人，必定會被敵人俘虜。

卒未親而罰之，則不服，不服則難用。士卒還沒有教育就執行懲罰，那麼他們會不服，不服就很難帶領。

卒已親附而罰不行，則不可用。士卒已經教育清楚，卻軍紀執行不力，就不能用來作戰。

故合之以文，齊之以武，是謂必取。所以要用**教育使士卒思想統一**，用**軍紀軍法使士卒行動一致**，這樣就必能取得部隊的戰力。

令素行以教其民，則民服；平素嚴格貫徹命令來管教士卒，士卒就能養成服從的習慣；

令素不行以教其民，則民不服。平素從來不嚴格貫徹命令來管教士卒，士卒就會養成不服從的習慣。

令素行者，與眾相得也。平時命令能貫徹執行的，表明部隊各階級間相處得位。

心得分享

戰爭中有一個很重要的環節，從決定戰場地點到和敵人開打前，將兵力與作戰物資運送到計畫的位置，這環節稱為行軍，算是每次戰役的前置動作，行軍在山、水、澤、陸等四種地形有各自的要點，經山地要低調沿低谷走；渡河川就要考慮安全才能大舉渡河；過沼澤地帶，要迅速通過不要逗留。其中渡河最危險像過關，沒確定安全而大舉渡河，就是「敗軍先戰而後求勝」。

同樣在商場上在銷售前，也有類似的前置動作，同樣得把要銷售的商品及時運送到需要的地點，在此姑且稱之為商品行軍。商品行軍抱括了商品的材料準備、生產、運送。在此也可以把商場客戶分成四大類，終極消費（個人、公司）、品牌商（OEM、ODM）、通路商（代理商、零售商、大賣場），與特殊客戶（政府機關、系統整合商），其中只有品牌商客戶會及早把規格、數量、交期、價錢都固定住，但其他的客戶類別或多或少都有變化與未定因素，而變化與未定因素就代表了風險，這也是臺灣廠商喜歡替品牌商客戶做代工，即使利潤是低了許多。尤其自我品牌的行銷，還得考慮大環境的宏觀變化，像當地的經濟上升或下降、國與國之間的貿易戰，與小環境的微觀變化，像銷售淡旺季的需求、外部競爭對手的動作、運輸費用，甚至還得考量自身的能力與資源排擠效應，才能做出最後的主計畫、B 計畫與執行細節，然後該年度的商品行軍就可開始。

軍隊在紮營列陣都爭取居高向陽，除了居高臨下視野好、安全，而且遠離蟲害。而商場上，大眾商品開發完成準備銷售，首先在市場上得爭取到消費者之目光與購買意願，這就得靠品牌的長期定位，與個別商品的定價來吸引目標的客戶群，品牌定位與產品價位猶如戰場上與敵軍對陣時，短兵（產品）相接、長兵（品牌）相對的狀況相似，兩者若能緊密結合，則如魚得水互蒙其利；反之，則相互干擾而牽制不前。所以公司形象、銷售成果、售後服務、定價策略，都會累積成公司的定位，也會支援後續產品在有利位置上。市場行銷學的 4P 理論就是詳盡討論品牌定位、產品規格、定價策略與通路之間的搭配，每一項好壞都會決定了產品銷售的結果。

「貴陽而賤陰」：定位與定價都要能聚集消費者的目光，要得到他們的認同。在產品光譜裡，中間雖是兵家必爭之地，而兩端是最爲清楚易見的。定位不外乎是價位與規格，品質最高或價位最低必爲消費者所矚目，大多數消費者是以性價比來選擇，但總是眼花繚亂不易選擇，追根究柢性價比是由朋友的口碑，或媒體的評論來做購買的推手。「視生處高」：不管在品牌定位或產品規格，功能都應力求比競爭者高一級，並占住「制高點」而成爲市場上指標性的代表。如此才可以「以高壓低」來壓制對手，在攻擊時，亦有俯衝的位能的殺傷力。

公司的長期定位除了產品技術外，像公司的網頁設計、產品外型與配色，尤其產品名稱能易念易記，而沒有不好的諧音或負面意義；公司的定位口號（slogan）可以讓對應消費群認同而深植人心；公司的品牌（trademark）需要固定字形、顏色，甚至背景顏色都需固定，以便做到消費者能記住。最佳的做法，尤其對大公司是必備的，就是公司圖騰物（logo）。像 Apple 的咬了一口的蘋果，Nike 的一撇，Audi 的四圈圈，Telkom 的紫色點等。這都可以使公司的形象更親近與消費群。若定位成功，則消費群更會樂於展現出來，義務爲公司打形象，而成爲死忠用戶。

〈行軍篇〉提醒在行軍與布陣時都要避開天然危害，有「*絕澗、天井、天牢、天羅、天陷、天隙*」等地形，都是行軍時的天然阻礙。還有隱藏性的危害，像「*險阻、潢井、葭葦、林木、翳薈者，必謹慎復索之，此伏奸之所處也。*」這些險阻，沼澤等視野不明之地，大軍要經過前都必須反覆多方查巡，務必要瞭若指掌後才行動，以免有地害的陷阱與敵人的埋伏，而讓自己投入後陷入萬劫不復之地。

商場上，亦有許多時候會出現所謂不可控制的風險，像匯率風險、銀行利率風險，另外某些市場有法令不明的風險、通路商不誠實的風險、產業的技術變化太快風險、政府政策變動的風險。一旦這些風險開始趨向不穩定的狀態，則最好遠離此種市場，因爲資源投入於不可掌控的領域，則很容易陷入其中，勝負無法掌握也都不知自拔，而終必如賭博而十賭九輸。就像一個國家投資風險太大，外資一定不會進來；「千金之子，坐不垂堂」，一個公司制度不健全也一定留不住人才。

例如銀行提供特別優惠的外幣定存利率，十之八九該外幣的匯率風險將是不尋常的高。而打著高報酬率的債券或股票都需特別精算，以免成爲最後接手的投資客。明知山有虎，偏往虎山行，一次是運氣，兩次是瘋子，三次是自殺。懂得避開問題，比懂得解決問題重要，尤其風險與利益不對等，或風險超過自身能承受，而解決問題的最高段是懂得事先排除或避開。

在戰場上的各種現況都是軍情，在收集後就要做分析與判斷，能見微知著作爲當下攻防的參考。就像中醫治病，需先由「望、聞、問、切」的四診，來收集病人異於常人的症狀，再根據眾多症狀做「八綱辨證」──表裡：辨別病位的淺深；寒熱：辨別疾病的性質；虛實：判斷邪正的盛衰；陰陽：把疾病劃分不同層次與階段，以推論出眾多症狀後面的病灶所在，以便醫程的輕重緩急。所以說世事洞察皆學問，人情練達即文章。

軍事非兒戲，不只關係勝負，更是決定國家眾人的生死興亡大事。任何對敵軍的作爲，應以理性態度去分析判斷，要謀定而後動，不要依賴慣性反應而落入別人圈套。〈軍爭篇〉曾提到「*三軍可奪氣，將軍可奪心*」，意味著擊敗敵軍不用殺成流血成河，只要打掉敵軍士兵的士氣，例如施予敵軍高壓力的同時，切斷指揮系統就可打掉士兵的士氣；而將帥功能是思考與決定，如果餵給敵方許多假訊息，例如糧草被燒掉、後勤補給沒了、重要的據點被奪走了、將要被包圍了……，如此動搖敵將的決心，更能降低敵軍的戰力。「兵者，詭道也」，講求的都是欺敵，對於無知的對手，可以用知識來欺騙，但對於有知識的對手，就得用智慧來欺騙。所謂「計中計、連環計」，即使詭計欺敵，也要「知彼」。

三國演義提到的「空城計」就是一個活生生的例子。蜀漢出征攻打魏國，而孔明錯用馬謖，所以當司馬懿率 15 萬大軍兵臨孔明所在的陽平城時，守軍僅有少數軍力。此時孔明算準了司馬懿擁有的知識，偃旗息鼓外，更打開大門、登城門彈琴迎敵。這完全符合兵法提到的「*敵近而靜者，恃其險也*」，使司馬懿誤判附近有孔明的伏兵存在。所以急忙撤退到安全之處，而解了陽平之圍。這雖是險棋，倘若孔明深鎖大門，或擺出力抗之勢，則仍是寡不敵眾的結局。

還有渡河攻敵會自陷於背水而戰的「死地」，淝水之戰利用此知識而成名。東晉初，北方是五胡亂華時代，在後秦苻堅統一中國北方，率步軍 60 萬騎兵 20 萬，號稱百萬大軍攻打位處建業的東晉，時謝玄有朱序的內應而設下魚餌，要求後秦自淝水西岸後退十里，以便晉軍渡河，一決死戰，這要求似乎是自殺行爲。而此時後秦大軍三十萬布陣於河邊，如此大軍團倉促間變更計畫，在沒有溝通好前大軍就急忙開始往後退，後軍卻不明整體計畫，加上朱序與其部隊在此時造謠戰事不利、苻堅被殺等假消息，就這樣裡應外合使得後秦陣勢全亂，晉軍乘機大舉進軍，打得秦軍草木皆兵，連風聲鶴唳都以爲是晉軍來襲，就是中國有名之淝水之戰，謝玄以不足八萬的軍隊，一舉打敗百萬大軍的戰役。

同樣的背水的「死地」，項羽卻用此法刺激了楚軍，而連拚數日打敗秦軍。反過來說，若秦將當初不自認天下無敵，而堅兵清野數天，則項羽的楚軍必不戰自敗。

商場上做生意一定要做市場調查，甚至買回競爭者的產品，澈底剖析雙方產品與其他項目之優缺點，這是知彼的基本功，也是商品行軍的必要功課。雖是例行公事，卻需認眞確實，要交 分析，以便接戰時強則避之、弱則攻之。商場上的勝利，常是積小勝爲大勝，完全開放的商場，舊的競爭者還沒退出，新的競爭者已經加入，再加上今日市場資訊已幾乎完全透明化，資訊的蒐集不再是問題，重要的是分析、判斷與執行力，若只是依過往經驗來慣性處理，一定會有慘敗的一天。

最後孫子說明得勝的關鍵不是兵力的多寡，而是併力、料敵、取人。其中併力在前幾篇已經由淺入深多方解說，而取人就是說明教育訓練的重要。透過教育訓練才得以強化部隊的執行力，而執行力即是我方戰力的具體表現。亦由訓練中，才知自己部隊的戰力如何，所以**令出必行**是維續軍隊與公司戰力的必要條件，組織與成員對法令的執行力即是戰力的具體表現。

戰國時代趙國趙括年幼時就熟讀兵法、能言善辯，無實戰經驗卻自以爲是。當時趙王中了秦國反間計，以趙括代替廉頗。而趙括自不量力，改變廉頗以守逼退的戰略，結果趙國以弱擊強，在長平遇伏，趙軍四十萬大軍一夜之間被秦國大將白起坑殺，成爲歷史有名的長平之役。

商場上亦有許多料敵錯誤的案例，在 2003 年時，華碩（ASUS）已站穩高價位的第一品牌，開始以第二品牌華擎（ASRock）來切割市場，去搶奪中低價位的市場。當時精英（Elite）以爲自己的主機板技術並不比華碩（ASUS）差，而冒然地自抬身段（即價格）去和高品質、高定位的華碩對拚，形成下車對上車，終至造成銷售慘敗的窘態。而精英東施效顰的第二品牌亦不能保有精英原地盤，幾乎爲華擎全部接收，可以用落荒而逃的慘敗來形容，而料敵的其他重要性會在〈用間篇〉有完整的解說。

〈行軍篇〉之後，已逐步進入實用的治軍法則，像是商場的經營管理，而其中的道理都可以在前八篇，或更明確的說由第四篇的〈軍形篇〉到第八篇的〈九變篇〉，都可以找到背後的形而上之道。

地形篇

孫子曰：地形有通者、有掛者、有支者、有隘者、有險者、有遠者。

孫子說：軍事地形有「通」、「掛」、「支」、「隘」、「險」、「遠」等六種。

我可以往，彼可以來，曰通。通形者，先居高陽，利糧道，以戰則利。我軍可以去，敵軍也可以來的地域，叫做「通」；在「通」形地域上，要搶先占領附近向陽的高地，保持糧道暢通，這樣作戰就有利。

可以往，難以返，曰掛。掛形者，敵無備，出而勝之，敵若有備，出而不勝，難以返，不利。凡是可以前進，（若不能突襲成功），將難以返回的地域，稱作「掛」；在掛形的地域上，確定敵人沒有防備，我們就能突擊取勝。假如敵人有防備，出擊又不能確定取勝，因爲是難以回師，就是不利（所以不可爲）。

我出而不利，彼出而不利，曰支。支形者，敵雖利我，我無出也，引而去之，令敵半出而擊之利。凡是我軍出擊不利，敵人出擊也不利的地域叫做「支」。在「支」形地域上，敵人雖然以利相誘，我們也不要出擊，而應該率軍假裝退卻，誘使敵人出擊一半時再回師反擊，這樣就有利（贏了就好，不要占據「支」地）。

隘形者，我先居之，必盈之以待敵。若敵先居之，盈而勿從，不盈而從之。在「隘」形地域上，我們應該搶先占領，並用重兵占據隘口，以等待敵人的到來；如果敵人已先占據了隘口，並用重兵把守，我們就不要去進攻；如果敵人沒有用重兵據守隘口，那麼就可以進攻。

險形者，我先居之，必居高陽以待敵；若敵先居之，引而去之，勿從也。在「險」形地域上，如果我軍先敵占領，就必須控制向陽的高地以等待敵人來犯；如果敵人先我占領，就應該率軍撤離，不要去攻打它。

遠形者，勢均難以挑戰，戰而不利。在「遠」形地域上，敵我雙方地勢均同，就不宜去挑戰，勉強求戰很是不利。

凡此六者，地之道也，將之至任，不可不察也。以上六點，是利用地形的原則。這是將帥的重大責任所在，不可不認眞考察研究。

凡兵有走者、有馳者、有陷者、有崩者、有亂者、有北者。打仗有「走」、「馳」、「陷」、「崩」、「亂」、「北」六種情況。

凡此六者，非天地之災，將之過也。這六種情況的發生，不是天時地理的災害，而是將帥自身的過錯。

夫勢均，以一擊十，曰走；勢均力同的戰況下，卻脫隊以一擊十的做法，叫做「走」；

卒強吏弱，曰馳；士卒強捍，軍官儒弱的情況，叫做「馳」；

吏強卒弱，曰陷；軍官強悍，士卒儒弱的情況，叫做「陷」；

大吏怒而不服，遇敵懟而自戰，將不知其能，曰崩；高級軍官易怒而不服從指揮，遇到敵人挑釁擅自出戰，主將又不了解軍官能力的情況，叫做「崩」；

將弱不嚴，教道不明，吏卒無常，陳兵縱橫，曰亂；將帥懦弱缺乏威嚴，治軍沒有章法，官兵關係混亂緊張，列兵布陣雜亂無常的情況，叫做「亂」；

將不能料敵，以少合眾，以弱擊強，兵無選鋒，曰北。將帥不能正確判斷敵情，以少擊眾，以弱擊強，作戰又沒有派精銳為先鋒部隊的情況，叫做「北」。

凡此六者，敗之道也，將之至任，不可不察也。以上六種情況，均是導致失敗的原因。這是將帥的重大責任之所在，是不可不認眞考察研究的。

夫地形者，兵之助也。料敵制勝，計險隘遠近，上將之道也。地形是用兵打仗的重要輔助條件。正確判斷敵情，計畫時將地形的險易、道路的遠近都通盤考慮進去，這是高明的將領必須掌握的法則。

知此而用戰者必勝，不知此而用戰者必敗。懂得這些道理去指揮作戰的，必定能夠勝利；不了解這些道理去指揮作戰的，必定失敗。

故戰道必勝，主曰無戰，必戰可也；所以（前線實地）分析有必勝把握的，即使國君主張不打，堅持打也是可以的；

戰道不勝，主曰必戰，無戰可也。確定開打是不能勝，即使國君主張打，不打也是可以的。

故進不求名，退不避罪，唯民是保，而利於主，國之寶也。所以戰不是爲了求取自身的功名，退不迴避違抗命令的罪責，只求保全士兵與百姓，符合國家的利益，這樣的將帥，才是國家的寶貴財富。

視卒如嬰兒，故可以與之赴深溪；視卒如愛子，故可與之俱死。對待士卒像對待嬰兒，士卒就可以同他共患難：對待士卒像對待自己的兒子，士卒就可以跟他同生共死。

厚而不能使，愛而不能令，亂而不能治，譬若驕子，不可用也。如果對士卒厚待卻不能使用，溺愛卻不能指揮，違法而不能懲治，那就如同驕慣了的子女，是不可以用來同敵作戰的。

知吾卒之可以擊，而不知敵之不可擊，勝之半也；只了解自己的部隊可以打，而不了解敵人（此時）不可打，取勝的可能只有一半；

知敵之可擊，而不知吾卒之不可以擊，勝之半也；只了解敵人可以打，而不了解自己的部隊不可以打，取勝的可能也只有一半。

知敵之可擊，知吾卒之可以擊，而不知地形之不可以戰，勝之半也。知道敵人可以打，也知道自己的部隊能打，但是不了解地形不利於作戰，取勝的可能性仍然只有一半。

故知兵者，動而不迷，舉而不窮。所以懂得用兵的

人，行動起來就不會遲疑，戰術運用配合可用條件而變化無窮。（要親臨前線或知人善任使耳聰目明，再加上有才能與膽識）

故曰：知彼知己，勝乃不殆；知天知地，勝乃可全。所以說：了解敵人又了解自己，勝利才有把握；再了解天時地利，那就可以大獲全勝了。

心得分享

地形對整個戰爭的戰略、對戰場上的軍力布局、對戰役裡攻防的處理，都有極大的影響，在孫子兵法裡計有〈九變篇〉、〈行軍篇〉、〈地形篇〉、〈九地篇〉四篇中，對各種地形的利、害、得、失花了相當大的篇幅，一再強調正確地利用對勝負極爲重要。在本篇〈地形篇〉從軍事戰略的角度將地形分成「通」、「掛」、「支」、「隘」、「險」、「遠」等六種，是敵我雙方在戰略上必須考慮的。於戰前的沙盤推演，依距離與雙方兵力的現狀，對「通」的軍事據點必須拿下與保有，爭取「掛」、「隘」、「險」等據點，不理會「支」、「遠」據點。戰場兩軍對峙與商場上，都可應用這六種形勢的基本對策。

「通」：兩方戰力都可及的軍事要地且在運輸要道上，需占據附近高地以利糧食運輸，以做支援打勝戰的有利條件。在市場上「通」的狀況是產業技術成熟的「市場成熟期」，市場大勢粗定，在各家實力相當下，可繼續占有此市場，只要保持資源在此市場，不輕易變幻市場策略，財務與管理是市場成熟期的主力關鍵。

「掛」：只有趁敵人不備而偷襲才可成功，否則將有去無回，就像迂迴到敵人背部，若敵人有備，則是很難身而退。「掛」的狀況有如到客地開拓市場或處於「市場衰退期」，都是需投入相當多的資源而且回收少，故要特別注意，預設停損點以防無謂與不當的損失過大。

「支」：雙方均無法施力，誰先動必輸，就像兩軍在毫無掩護的急川暗流的河川對峙著，此時不要因利誘而出擊，而防守一方在其渡河一半時攻擊必勝。在商場的狀況是「市場衰退期」雙方均已非常辛苦的狀態，像是利潤已非常低任何在此種市場再做的動作，都是自殺的行爲，但現實市場上，仍有許多廠商因沒有精打細算，做無謂的降價動作，結果只有增加營業額，而無利潤，甚至消耗了公司的寶貴資源。

「隘」與「險」：均屬於易守難攻的處境，要儘可能先占住，「隘地」仍需相當兵力才可發揮地形的優勢，故守軍兵力尚不足時，仍可以攻擊之，而「險地」是「一夫當關，萬夫莫敵」的地形，因避開不要做無謂的攻擊，徒增犧牲面。商場上當新技術、新的商機出現，形成「市場教育期」，需強先在其他廠商推出之前，投入公司資源，若能成功，能以專利權卡住競爭者的跟進，或以合約綁住買主的其他企圖，則雖有風險，但闖關成功獲利甚多，是必須掌握的致勝先機。像這次Covid-19危機的出現，全世界的藥廠都立刻放下原先的研發工作，投入所有的資源針對新冠病毒，希望比競爭者早一步開發出疫苗。

「遠」：是雙方鞭長莫及之處，不應該大動干戈，而徒勞無功。在商場上是市場成熟期／高原期，不要輕易去攻擊對方有「主場」優勢的市場，同樣亦要守好自己「主場」的市場，讓競爭者無可著力之處。

〈地形篇〉再來談論軍隊作戰時六種指揮或管理上的過失，因爲把士兵的戰力發揮到極致完全是將領的責任，基層戰力能否完全發揮，依其單位主管的能力，所謂「強將手下無弱兵」，上位者是風，下位者是草，風行草偃就是指這個道理。

在商場上亦是打組織戰能攻守有法，公司上下需同心協力能行動齊一，才能展現整體能力，使公司獲得最大利益。譬如，在原物料缺貨時，處於產能不足、供不應求的狀態，而銷售部門還隨意接單，使得公司不但未獲利，更會有違約之損失。公司內的各部門，應以公司整體利益爲優先，而不是以部門考績爲考量。公司的危機都是內部管理不合格，在壓力大下病急亂投藥，而各部門主管各自爲政、爭功諉過、犧牲長期利益以求短期效應，都是在經營管理上常見的缺失。

而最前線的人員，不管其職位大小，都需具備臨機應變的能力，因爲面對的不管是戰場上的敵人或是商場上的客戶，其表現就是直接代表了部隊或公司。所以最前線指揮官除了依令行事的管理能力外，更需具備應變的能力，能視現場的狀況，以組織的最大利益做考量，即使需變更原有之計畫與規定，清楚地鎖定「目的」的達成，而不是一味堅持原有的「手段」。

「*進不求名，退不避罪，唯人是保，而利合於主，國之寶也*」，能夠有機智，有膽識與擔當的前線指揮官是國家與公司極難得的人才。一戰與二戰時期德國的隆美爾，親臨前線發展出的靈活機動戰術，多次不理會參謀本部不同的指令，表現出有擔當的作爲。在入侵法國的行動中，隆美爾擔任了第 7 裝甲師師長，以迅速的機動攻勢俘虜大批敵軍與物資，使該師獲得「幽靈師」的稱呼。法國戰役後，隆美爾前往北非戰場，以少數的德國師與義大利軍隊向英軍發動攻擊，收復了義大利在先前失去的殖民地，之後在戰斧作戰又擊退了具有裝備、人員和制空權優勢的英軍反攻，並在加查拉戰役中以寡擊眾，造成敵軍物資與人員損失過半。隆美爾不只行動能力強，還具備敏銳的洞察力，能見微知著，所以不需等到所有資訊到手，反應迅速當機立斷地變更計畫，準確地把兵力插入敵軍的弱點，屢屢以寡擊眾而獲勝。其作爲得到所有對手的佩服，甚至英國戰時首相邱吉爾對隆美爾評價：「我們面對的是一位大膽而熟練的對手，一位偉大的將軍」。

部隊指揮官懦弱怕事，平素訓練亦不嚴謹，則軍官與士兵都沒有紀律可言，任意隨意而行，如此整個部隊就毫無戰力可言。「打虎親兄弟、上陣父子兵」，戰場上士兵屢屢面對各種危險，也經常會進行著生死交關的戰鬥，如果每個同僚都願爲需要援助的同伴奮不顧身捨命相救，和前仆後繼的執行部隊的任務，則這部隊戰力的表現將是整體成員的加乘總和，發揮出來就是無堅不摧、雖敗不潰的可怕戰力，這關鍵是平時的嚴格、確實的訓練與戰時臨場指揮官的膽識。

春秋時魯國是一小國，經常被齊國打敗，當時有一名將吳起，帶兵非常有一套，他就是平日與兵同苦，視兵爲己，不但同兵士一樣的吃與住，當兵士有受傷或生病時，亦如同自己兒子一樣地看護照顧，所以他領兵對抗齊國強兵時，魯國士兵都願意全心依他指揮而作戰，而不怕死，所以能一再擊敗齊國的軍隊。

有些公司的獎懲辦法不彰，獎勵時不是不夠優厚或不公平，懲罰時亦不能及時有效，如此傷害員工的士氣，則公司的戰力自然大打折扣。當然所謂的優厚、公平、及時都不是絕對，而是相對於時空背景，例如在產業正處於蓬勃發展，業績成長與利潤都是節節高升時，則比同業對傑出人員的獎勵要相對優厚；而整個產業在艱苦下滑時，即使只是提供穩定、理性、溫暖的工作環境，都具有同等的效果。

在戰場上，地利的善用經常會決定該戰役的結局，所以在軍事上，戰場上的指揮官必須切實了解地形，找出有影響戰局的地方，及早正確地處理。尤其是易守難攻，資源豐沛的地利，早一步占有就提高優勢，甚至決定了勝負。〈地形篇〉聚焦在**地利**與**知己**的要點，並再次提醒「知己知彼」外，並利用外在天時地利條件來增加自己的戰力，就必能大獲全勝了。

靠「知己知彼」上的「人和」努力，僅能做到「百戰不殆」，其成就是有限的，很難有翻倍以上的成長，尤其打敗的對象，僅限於已知的「彼」；若能遇到並逮住「天時地利」上的機會，其成就是翻倍以上，甚至是直線而上的成長，尤其打敗的對象，是一大群或所有不知己的「彼」。這種「天時地利」上的機會，與「軍爭篇」上的契機與結果是相似的。人無橫財不富，幾乎所有成功且巨大的公司，一定是有遇到並逮住「天時地利」上的經歷，加上當時本身也準備好接納巨大果實的能力。

但歷史上有許多「知己知彼，百戰不殆」的頂尖成功公司，竟然也消失在歷史的洪流？事後檢驗其消失的原因，可以清楚看到那些頂尖成功的公司，都不是被對手殲滅，而是被代表天時的新生物所打敗、被被代表地利的不可改變因素所排除。所以面臨過許多「天時地利」變動的考驗，還能長時間一直都保持巨大，則表示該公司／組織／國家，已經由**成功**，跨越過巨大的鴻溝，到達並獲得**偉大**的能力，不但有逮住「天時地利」的能力，而且具備「知天知地」的能力，能一再靠天地的變動，打垮一群不知「天時地利」的對手，所以說「知天知地，勝乃可全」。

所以商場上要密切注意各項重要的競爭指標，切實保有自己的核心競爭力，平時只要檢視各項指標的相對數據，作爲「知己知彼」的參考，如果「己彼」的相對數據沒有大變化，但絕對數據出了持續的變化，這必然是外在的政治、法規、科技、氣候等「天地」不可控因素所導致的，此時就得導出那一個不可控因素已不可忽視，而儘速做出非常態管理。最後還要將檢視的頻率與（自身）反應的速度作機動性地匹配，這或許就可以接近〈地形篇〉提醒的「知己知彼，百戰不殆；知天知地，勝乃可全」。

九地篇

「軍地」的分類與處置原則

用兵之法，有散地，有輕地，有爭地，有交地，有衢地，有重地，有圮地，有圍地，有死地。孫子說：按照用兵的原則，**軍地分類**有散地、輕地、爭地、交地、衢地、重地、圮地、圍地、死地。（在九變篇提到**軍地特質**是衢地、圮地、圍地、死地、絕地）

諸侯自戰其地者，爲散地：諸侯在本國境內作戰的地區，叫做散地；

入人之地不深者，爲輕地：在敵國淺近的縱深地區，叫做輕地；

我得亦利，彼得亦利者，爲爭地：我方得到有利，敵人得到也有利的地區，叫做爭地；

我可以往，彼可以來者，爲交地：我軍可以前往，敵軍也可以前來的地區，叫做交地（犬齒交錯）；

諸侯之地三屬，先至而得天下眾者，爲衢地：諸侯內有人力物力財力的城市，先到就可以獲得其中資源，叫做衢地；（衢地合交）

入人之地深，背城邑多者，爲重地：深入敵人境內，背有敵國眾多城邑的地區，叫做重地；（後援、補給、通訊、撤退都很困難）

山林、險阻、沮澤，凡難行之道者，爲圮地；山林險阻沼澤等難於通行的地區，叫做圮地；(圮地無舍)

所由入者隘，所從歸者迂，彼寡可以擊吾之眾者，爲圍地；前進的道路狹窄，退兵的道路迂遠，（要進攻的路窄與撤退的路長，都很危險）一方可以用少量兵力抵擋另一方眾多兵力的攻擊，這種地區叫做圍地；（圍地則謀，**謀**：行動之前需好好地計畫，才可行事）

疾戰則存，不疾戰則亡者，爲死地。迅速奮戰就能生存，不迅速奮戰就會全軍覆滅的地區，叫做死地。（資源少且沒有補給，在彈盡糧絕前必須獲勝）

是故散地則無戰，因此處於散地就不宜作戰，（避免危害本國的居民）

輕地則無止，處於輕地就不宜停留，（1. 行動開始就不要慢，不給敵人時間反應；2. 防止士兵逃亡問題）

爭地則無攻，（雙方必爭）的爭地（就趕緊占領，若敵軍已占領，就採取迂迴進攻、出其不意地突擊）不要正面進攻，

交地則無絕，遇上交地就不要斷絕聯絡（犬齒交錯，警惕而不放棄），

衢地則合交，進入衢地就應該派重兵駐紮旁邊（主力與軍糧擺在接近的高地），

重地則掠，深入重地就要掠取糧草，（深入敵區可能無法久占，掠奪物資就是減少敵軍的補給）

圮地則行，碰到圮地就必須迅速通過，

圍地則謀，圍地（難攻難退之地）**謀**：行動之前需好好地計畫，

死地則戰。處於死地就要力戰求生。

團體戰鬥要則

（切斷對方指揮系統，打散其隊形與建制）

古之善用兵者，能使敵人前後不相及，從前善於指揮作戰的人，能使敵人前後部隊不能相互策應，

眾寡不相恃，主力和小部隊無法相互依靠，

貴賤不相救，官與兵之間不能相互救援，

上下不相收，上下級之間不能相互聯絡，

卒離而不集，士兵分散而不能集中，

兵合而不齊。合兵布陣也不整齊。

合於利而動，對我有利就立刻行動，

不合於利而止。對我無利就停止原計畫的行動。

敢問：「敵眾整而將來，待之若何？」試問：敵人兵員眾多且又陣勢嚴整向我發起進攻，那該用什麼辦法對付它呢？

曰：「先奪其所愛，則聽矣。」回答是：先奪取敵人最關心愛護的，這樣就聽從我們的擺布了。（打他必須救的指揮官、京城或糧草所在，……總之，**避免正面對戰**）

兵之情主速，乘人之不及，由不虞之道，攻其所不戒也。用兵之理貴在神速，要乘敵人措手不及的時機，走敵人意料不到的道路，攻擊敵人沒有戒備的地方。（成果導向：輕鬆擊倒敵人的條件是從腰部、背部猛擊，所以想辦法做到出其不意、主力迅速迂迴到敵人的後側邊，後側邊：1. 防備少，2. 糧草、補給存放之處）

出征要則

（戰力的保持：1. 士氣，2. 糧食，3. 裝備；部署兵力：利用地勢，達到戰力的完全發揮）

凡爲客之道，深入則專。在敵國境內進行作戰的要規：越深入敵國腹地，我軍的危機意志就越集中專注，

主人不克，掠於饒野，三軍足食；如果一時無法攻克敵軍，就先在敵國豐饒地區掠奪糧草，確保部隊糧食足夠；

謹養而勿勞，並氣積力；要注意休整部隊，不要使其過於疲勞，保持士氣，養精蓄銳；

運兵計謀，爲不可測。部署兵力，巧設計謀，使敵人無法判斷我軍的意圖。

投之無所往，死且不北。將部隊置於無路可走的死地，士卒就會寧死不退。

死焉不得，士人盡力。士卒既能寧死不退，那麼他們怎麼會不殊死作戰呢！

兵士甚陷則不懼，無所往則固，士卒深陷危險的境地，就不再存在恐懼，一旦無路可走，軍心就會牢固。

深入則拘，不得已則鬥。深入敵境軍隊就聚集而彼此可支援，遇到迫不得已的情況，士兵就會殊死奮戰。

是故其兵不修而戒，因此不需提醒就能注意戒備，

不求而得，不用要求就能完成任務，

不約而親，無需約束就能親密團結，

不令而信，不待申令就會遵守紀律，

禁祥去疑，禁止占卜迷信，消除士卒的疑慮，

至死無所之。他們至死也不會逃避。

吾士無餘財，非惡貨也；我軍士卒沒有多餘的錢財，並不是不愛錢財；

無餘命，非惡壽也。士卒置生死於度外，也不是不想長壽。

令發之日，士卒坐者涕沾襟，偃臥者涕交頤（宜，臉頰），當作戰命令頒布之時，坐著的士卒淚沾衣襟，躺著的士卒淚流滿面，

投之無所往，諸、劌之勇也。但把士卒置於無路可走的死地，他們就都會像專諸、曹劌（曹沫）一樣的勇敢。（吳王壽夢有四個嫡子，諸樊、餘祭、餘眛、季札子；諸樊知道父王想傳季札子，自己就不立太子，想依照兄弟的次序把王位最後傳給季札子。結果餘眛死後，季札子卻還是逃避不肯做國君，結果壽夢的庶長子僚繼位國君。伍子胥推薦專諸給餘眛的嫡子公子光，讓專諸用魚腸劍刺殺吳王僚，最後公子光得以繼位爲吳王闔閭——重用孫武的吳王）

（曹沫爲魯國大將，屢敗於強大的齊國，魯莊王只好求合於齊桓公，結果會面簽約時曹沫劫持齊桓公，最後齊桓公同意並把奪到的城池歸還魯國）

同舟共濟

（靠地——臨場的客觀形勢，與法——平日的教育、戰時的軍紀）

故善用兵者，譬如率然。善於指揮作戰的人，能使部

隊自我策應如同「率然」蛇一樣。

率然者，常山之蛇也。「率然」是常山地方一種蛇。

擊其首則尾至，擊其尾則首至，擊其中則首尾俱至。打牠的頭部，尾巴就來救應；打牠的尾，頭就來救應；打牠的腰，頭尾都來救應。

敢問兵可使如率然乎？曰可。試問可以使軍隊像「率然」一樣吧？回答是：可以。

夫吳人與越人相惡也，當其同舟而濟而遇風，其相救也如左右手。那吳國人和越國人是互相仇視的，但當他們同船渡河而遇上大風時，他們相互救援，就如同人的左右手一樣。

是故方馬埋輪，未足恃也；所以想用縛住馬韁、深埋車輪這些方式（強迫士兵固守不退，死戰到地），是靠不住的；

齊勇如一，政之道也；使全體士卒能夠齊心一體奮勇作戰，靠的是部隊軍紀與教育；

剛柔皆得，地之理也。使強者和弱者都能全心其力，在於善用地形。

故善用兵者，攜手若使一人，不得已也。所以善於用兵的人，能使全軍上下攜手團結如同一人，（這是利用**臨場的客觀形勢，與部隊平日的軍紀與教育**）迫使士卒自救救人。

前線指揮官的職責

（士兵只在意個人的生死，無法清楚戰爭勝負、國家存亡的全盤因果。爲將之責，就是能把這些各自的目標結合在一起，生死榮辱共同體）

將軍之事，靜以幽，正以治。前線指揮官的職責，考慮謀略是冷靜而幽深莫測，管理部隊公正嚴明。

能愚士卒之耳目，使之無知；要能蒙蔽士卒的視聽，使他們對於週遭之情況毫無所知；

易其事，革其謀，使人無識；當變更作戰部署，改變原定計畫，士卒無識原因而服從；

易其居，迂其途，使民不得慮。當變換駐地，迂迴前進路線，士卒都不會擔心害怕。

帥與之期，如登高而去其梯；賦予作戰任務，要像使其登高而抽去梯子一樣（無所往而沒有退路）；

帥與之深入諸侯之地，而發其機。率領士卒深入地國國土，要像弩機發出的箭一樣（快速且一往直前）。

焚舟破釜，若驅群羊，驅而往，驅而來，莫知所之。燒船破鍋，（對待士卒）要能如驅趕羊群一樣，趕過去又趕過來，不知道要到哪裡去。

聚三軍之眾，投之於險，此謂將軍之事也。集結全軍，把他們置於險境（來達成作戰任務），這就是統帥軍隊的要點。

九地之變，屈伸之利，人情之理，不可不察也。交戰地因敵我互動的（九種）變化，對攻防進退的利害得失，全軍上下的心理狀態，這些都是作爲將帥不能不認眞研究和周密考察的。

出征為客要點

（再次說明九種**軍地**的標準處置方式）

凡爲客之道，深則專，淺則散。在敵國境內作戰的規律是：深入敵境則軍心穩固，淺入敵境則軍心還在渙散。

去國越境而師者，絕地也；進入敵境進行作戰的稱爲絕地；（絕地**無留**）

四通者，衢地也；四通八達的地區叫做衢地；

入深者，重地也；進入敵境縱深的地區叫做重地；

入淺者，輕地也；進入敵境淺的地區叫做輕地；

背固前隘者，圍地也；背有險阻前有隘路的地區叫圍地；

無所往者，死地也。無路可走的地區就是死地。

是故散地，吾將一其志；因此在**散**地（本國境內），要開始統一軍隊意志；

輕地，吾將使之屬；在輕地（敵國淺近境內），要開始能徵用（非用掠奪方式）當地**資源**；

爭地，吾將趨其後；在爭地，（即使被占領）要迅速出兵抄到敵人的後面；

交地，吾將謹其守；在交地（犬齒交錯），就要謹慎防守；

衢地，吾將固其結；在衢地，就要與高地連結以鞏固防守；

（我可以往，彼可以來，曰通。通形者，先居高陽，利糧道，以戰則利。——〈地形篇〉）

重地，吾將繼其食：入重地，就要掠奪物資補充軍糧；

圮地，吾將進其途：在圮地，就必須繼續前進不停留；

圍地，吾將塞其闕：進駐圍地，就要堵塞缺口；

死地，吾將示之以不活。到了死地，就要顯示死戰的決心。

故兵之情：圍則御，不得已則鬥，過則從。所以士卒的心理狀態是：陷入包圍就會竭力抵禦（抗），形勢逼迫就會拚死戰鬥，**身處絕境**就會聽從指揮。

總指揮官的致勝提醒

（掌握外在戰友、地形，使用專業嚮導、行動隱密、迅速）

是故不知諸侯之謀者，不能預交；不了解其他諸侯的戰略意圖，就不要與之結交；

不知山林、險阻、沮澤之形者，不能行軍；不熟悉山林、險阻、沼澤等地形情況，就不能行軍；

不用鄉導，不能得地利。不使用專業嚮導，就無法得到地利。

四五者，一不知，非霸王之兵也。這些情況，只要有一樣不了解，都不能成爲稱王爭霸的軍隊。

夫霸王之兵，伐大國，則其眾不得聚；凡是王霸的軍隊，進攻大國，首要能使該國的軍民來不及動員集中（威脅利誘敵國的軍民）；

威加於敵，則其交不得合。兵威加在敵人上，能使敵方的盟國無法配合策應。

是故不爭天下之交，不養天下之權，信己之私，威加於敵，則其城可拔，其國可隳。因此沒有必要去爭著同天下諸侯**結交**，也用不著在各諸侯國裡**培植**自己的**勢力**，只要施展自己的戰略意圖，把兵威施加在敵人頭上，就可以拔取敵人的城邑，摧毀敵人的國都。（批評縱橫家的**爭天下之交，養天下之權，都不如把自身條件培養好**）

施無法之賞，懸無政之令。施行**超越慣例**的獎賞，頒布**不拘常規**的號令。

犯三軍之眾，若使一人。**指揮**全軍就如同指使一個人一樣。

犯之以事，勿告以言；**指揮**布置作戰任務，但不說明其中意圖；

犯之以利，勿告以害。**指揮**只告知利益，而不指出危害。

投之亡地然後存，陷之死地然後生。將士卒置於危地，（要其拚命）才能轉危爲安；使士卒陷於死地，（要其拚命）才能起死回生。

夫眾陷於害，然後能爲勝敗。士兵深陷於絕境，（要其拚命）然後才能贏得勝利。

故爲兵之事，在順詳敵之意，並敵一向，千里殺將，是謂巧能成事。所以作戰用兵，在於順著敵人意圖（而擬出欺敵的攻擊計畫），**攻擊敵人**集中兵力於一個弱點，千里奔襲，斬殺敵將，這就是所謂巧妙用兵，實現克敵制勝的目的。

決策後的保密動作

是故政舉之日，夷關折符，無通其使，因此在決定戰爭方略的時候，就要**封鎖**關口，**廢除**通行符證，不允許任何使者往來；

厲於廊廟之上，以誅其事。在廟堂上**嚴謹**的謀劃，**完成**戰略決策。

敵人開闔，必亟入之，敵人一旦出現**間隙**，就要**迅速**乘機而入。

先其所愛，微與之期。先奪取敵人戰略要地，但**不要**與敵約期決戰。

踐墨隨敵，以決戰事。繩墨（作戰計畫）的實踐，順應敵情的變化而應對。

是故始如處女，敵人開戶；因此戰爭開始之前要像處女顯得沉靜柔弱，誘使敵人放鬆戒備；

後如脫兔，敵不及拒。戰鬥展開之後，則要像脫逃的野兔一樣行動迅速，使敵人措手不及，無從抵抗。

心得分享

戰場上地形對軍隊的行動、攻防能力有非常大的消長影響，從〈九變篇〉、〈行軍篇〉、〈地形篇〉到〈九地篇〉都提到如何借用「地利」之勢來強化自己競爭力，但〈九地篇〉進一步把五種廣義軍地性質，展開爲九種的軍地分類，並指出其有形與無形特性與應對的要則，像要爭先搶奪並長期占有的戰略地形是「爭地、衢地、圍地」；屬短期占領，所以拿下就掠奪資源的「重地」；要避開、不久留或不重要的是「交地、散地、輕地、圮地」；與要戰到一兵一卒的「死地」。

每個城市、據點在戰場上都會具有多層軍事意義，且這些意義並不是固定不變，會因敵我雙方作戰計畫、實力消長、與攻防的進展，使該地點的意義起了變化，進而對士兵的士氣發生極大影響。像士兵離家近的「散地、輕地」駐點，軍心易散渙而戰力低，深入敵國的「絕地、重地」駐點，軍心自然集中而戰力高，若突然被敵軍層層包圍成了「死地」，則士兵沒有退路下，自然要戰到一兵一卒。而隨戰情的變化，「輕地」可能變成「爭地」、而「散地」一夜變成「重地或衢地」，對部隊**攻防進退**都會有不同的影響。

爲此，戰地指揮官在擬出作戰計畫之前，需清楚「九地之變，屈伸之利，人情之理」，知道外在情勢的變化下，內在士氣也會受到衝擊，若能因地制宜，用形勢迫使把士兵的（求生）潛能發揮出來，即使如羔羊般的兵卒也可以化爲狼虎般地兇猛。一將成名萬骨枯，所謂名將就能把平民百姓，訓練成無知、無識、不慮的士卒，只聽金鼓、旌旗之命而沒有思維的行動機器，無論在進攻與防守，都使士卒能齊心一體奮勇作戰，靠的是齊勇如一，政之道也，用部隊軍紀與教育來將整體戰鬥力發揮到最高。

在戰場上士卒是用生命在執行任務，單純以人性的心理而言，士卒對打殺形式的戰爭絕沒有將領對功名的追求，也無政客的野心。士卒在戰場是會打死不退？還是會逃亡？跟平日訓練與現場的指揮有關，所謂「齊勇如一，政之道也」，但「三軍可奪氣」，臨場士氣完全是看人性的求生本能。〈九地篇〉即是說明軍事據點的性質對士兵的心態、能力的影響是非常地巨大而直接。「投之亡地然後存，陷之死地然後生。夫眾陷於害，然後能為勝敗」，若將士卒的生存潛能激發出來，就能把弱小如羔羊之士卒驅使為狼虎般的勇猛，即「剛柔皆得，地之理也」。

戰場上追求的是「勝利」，有了勝利才有其他的戰利品，像領土、財富與榮譽。為了要勝利，指揮官需在與敵作戰期間保持部隊的戰力，也就是士氣與體力的維持，還有糧食與裝備的適時補充，才能使每一士兵的戰力都能發揮出來，將領若懂得藉用外在的條件，像天時、地利，更能對整個部隊戰力產生加乘的效果。商場上同樣追求的「勝利」是「銷售」，有了銷售才能談到利潤、生存、成長與擴張。如果我們把平日訓練的部隊，視為研發製造的產品，而把利用交戰地的軍事性質，當作商場行銷策略的選用方針，則產品與行銷的綜合成效就是銷售結果了，等同於戰場上勝負結局。

以往的銷售態勢是「生意難做，利潤好拿」，但今日市場資訊日益透明化，加上市場全球化的趨勢，競爭對手由原先的一城之內，到一國之泛，現在變成全球市場的競爭者都可跨國而來，銷售毛利自然大幅縮水，到最後供應商要跨過「經濟規模」的銷售門檻才能賺到錢，銷售形態逐漸變為「生意好做，利潤難求」。

公司要有好的產品，首先要有優秀的工程師；如果要有好的銷售成績，要能善用行銷觀念，因勢利導公司的優勢，讓目標的客戶群能看到、認同、喜歡、選購，則銷售成績必可達到最佳結果。對應影響攻防態勢的九種軍事特性，在此應景標定商場上決定銷售結果的九個行銷要點：展覽會、品質、價位、交期、定位、功能、整合能力、銷售聯盟與通路，有志把行銷觀念加入商戰的公司，可以思考這些要點。

基本上，大多數公司在開始的銷售就只能從「**追逐市場買主**」開始；之後，以改善產品爲導向的公司專注做「**滿足買主需求**」，而以行銷、創新爲導向的公司才有可能「**創造市場需求**」。即使僅是扮演協力商的角色，若能確實了解整個供應鏈的運作與意義，就能明白自己目前核心價值的所在與未來努力方向的遠景。

追逐市場買主

展覽會

身爲市場新人，首先就得參加產品展覽會，因爲展覽會是最佳的實體商業聚會，在這裡可以碰到品牌商、有能力進口的代理商、經銷商、加值系統整合商、業界媒體，以及所有競爭廠家，所以不但是可以遇到潛在的客戶，而且有機會面對面對整個產業生態的認識與了解，知己知彼，百戰不殆。錯過產品展覽會，想對潛在客戶一個個聯絡、約定、拜訪，通常是一年半載才能理出頭緒，所以對新加入市場的廠家，或有全新的產品，一定得善用產品展覽會，不只會前的準備、會後的拜訪，不管是到客戶的公司續談或來廠商的工廠參觀，都得妥善安排好。

滿足買主需求

若是公司本身沒有好品牌的加持，也不知道如何借用通路商的能力，更沒有冒險的能力與財力，如此僅能以「滿足需求」來達到銷售的結果。在市場供應鏈中，代工廠以「品質、價錢、交期」滿足品牌商、進口商、貼牌商等特定客戶，而達到銷售的目的。

品質

OEM 代工廠對特定客戶的價值是生產管理的專長，藉由生產品質齊一的產品，而獲得客戶的訂單。OEM 代工廠大都將製程優化、品質控管、成本減低的能力，經由加入設計能力，而達到 ODM 代工廠的位置。

價錢

代工廠需準確地算出產品的生產成本，從原物料的採購成本、人員調配、淡旺季的差異，才能讓客戶接受報價，還能賺到合理的利潤。

交期

銷售的難易基本反映了該類產品在市場上供應面與需求面兩者的關係，當市場的需求面小於供給面，則會有供過於求的結果，產品自然會滯銷；若需求面大於供給面，則結果會是暢銷狂賣供不應求。市場很少處在供不應求的狀態，隨著製造技術的進步，供應面在三個月半年內，幾乎任何量都可供應上。

市場需求是可預測的規律起伏，產業的生命週期代表著市場的大起伏，是隨著產業技術的發展與成熟速度；而每年銷售的淡旺季，如四季氣候亦有規律性的小起伏。所以需求有如潮汐季節變化，每個行業的淡、旺季都是一個定型的需求循環。臺灣 IT 以代工爲主，有「五（月）窮六（月）絕」的說法，這是因爲 7、8 月是歐、美市場的淡季，客戶都不會要求工廠於 5、6 月出貨。市場的供需活動如同農事要依外在環境，行「春耕、夏種、秋收、冬藏」的活動。若錯失「春天耕種」的良機，則秋收就沒了。商場上也是要把握買氣最旺的時候來銷售，若在買氣淡季花力氣去推銷產品，就如同農人在冬天裡耕種，再怎麼努力都沒有好結果。若推出有競爭的新產品，就得在旺季前的五至六個月前完成，則大訂單才有可能在旺季前的三個月前下來，否則一切商機都是鏡花水月。

大部分行業的第一個旺季是 10 月到 1 月，由萬聖節、耶誕節與新年炒熱起來。第二個旺季，是 3 月到 5 月，復活節是其中的主軸。銷售淡季，是由 6 月到 8 月之間的三個月，並不是市場完全停止了銷售行爲，而是個人、家庭的開支轉移到他處，比如像旅遊就是旺季。市場買氣旺盛前確定貨品能上架，所以「交期」是銷售所有動作的最後一個環節，得分的臨門一腳。

代工廠需對自己工廠的產能掌握得很清楚，尤其在人員的調配、原物料的進貨時間，與生產過程的半成品到成品的良率控管，才能兼具品質、成本、交期的客戶要求。尤其交期對 OEM 與標案型的客戶是至爲重要，OEM 客戶在旺季前、標案型客戶在年底前需把貨拿到手。對「交期」長的品牌商，做銷售量的預測是非常重要且困難的任務，如果有政治的變數、經濟的變數、社會的變數……，都會直接打亂需求與供應的狀態，也間接使「交期」的重要性突顯出來。有財力的品牌商會吸收這些變數造成的壓力，而不肖的品牌商就會把變數造成的打擊，轉嫁到代工廠。

代工廠的核心價值，就是生產的技術與管理。所以代工廠僅能以滿足需求的手段，來獲取固定的銷售與利潤，雖然兩者之金額遠低於品牌商，但其風險也是低於品牌商。臺灣代工廠以滿足需求的代表，有成品代工廠的鴻海與晶元代工廠的台積電，都分居此兩產業的龍頭老大位置，近 10 年來中國亦以世界工廠角色崛起，表現亦十分出色，但都要需思考未來要何去何從？

當年在蘋果電腦推出 iPod(mp3) 大賣後，美國《紐約時報》刊出一篇有關利潤的分配表，市場售價為 US$199，蘋果電腦拿了 US$50 毛利，賣場拿了 US$30 毛利，二家美國晶元商占了近 US$50，一家日本記憶體占了 US$30，其他原件、包材、運輸占了 US$30 成本，代工廠拿了近 US$10 成本，而其中人工費用成本僅占 US$1。請問在供應鏈裡，各位想扮演哪一個角色？

近年來鴻海已廣泛地投資於代工以外的領域，許多研發設計公司、電商平台「富連網」、物流公司，尤其 2016 年收購了日本 Sharp，但品牌行銷是一條漫長的路，如同供應鏈上的每一個環節，唯有專業、務實才能領先競爭者，鴻海是有人力、財力、物力的巨型公司，如果能建立出行銷的能力，則必能複製成功的範例與其他產業，突破臺灣代工的宿命。期待臺灣有志於國際銷售能具備行銷的基本常識，至少能與品牌客戶平起平坐地共享榮辱，共創雙贏。

創造市場需求

只要有豐富的想像力，能在察覺世界不完美的地方後，找到顛覆傳統的方法，那就是創新。創新可能在產品功能、價錢（制高點）、通路（便利）中創造新的需求，當創新解決了問題，就獨享了創出的需求。

這也是現在許多臺灣工廠還未走出的困境，他們有改善產品的能力，但不知爲何要改？產品沒有增加銷售，也就無法提升利潤，這其中主要的問題是新產品研發過程中「行銷」排序不對，甚至沒有「行銷」的概念。尤其工廠都把工作的焦點放在如何改善產品、如何增加功能來創造差異性、如何降低成本以提升獲利，但是這些都是從產品或技術的角度來考量，往往沒有定義其目標市場？所以目標市場的顧客需求爲何？大都等到產品設計好後，才找銷售人員去賣，結果常是找上客戶的時間不對、或是找到客戶對產品的功能不合意，甚至找不到客戶，總之四處碰壁似乎是常態，而在碰壁後才知道，要從客戶端來定產品規格才是銷售與利潤的致勝關鍵。

行銷作業需在設計產品前導入，首先訂出目標市場，才能由此找出該市場客戶的需求，最後導出有競爭力的產品（功能與售價），之後才是依計畫並如期設計出（匹配市場定位的）產品。若能步步到位，則目標客戶自然抗拒不了如此量身訂做的產品，銷售自然會水到渠成，利潤也就可以高度期望了。

產品功能

創造需求的第一個重點是產品功能。尤其處於技術導向的**市場導入期**，「破壞性創新」的產品是創造需求的原動力，設計者能提供客戶（不敢）夢想的功能，就創造需求而先享其利。若技術成熟了，此項就不再是決定因數了。

產品功能：銷售聯盟

有很多時候成功不在盡力，而在借力。**借力不僅是一種能力，更是一種智慧**。當市場的能量集中到某項產品，或主要的媒體都聚焦在某個熱門技術，在媒體推波助瀾下，市場消費者的眼光亦隨之注目，有智慧的人，就要懂得利用此不費功夫的能量，不管是迅速地將自己產品整合此類功能，或將產品的名稱聯結到這些話題，就能「乘勢」而起，「借勢」行事。懂得運用外在能量，借用 co-marketing 來聯合行銷共同造勢、甚至進一步 bundle 雙方產品來銷售，幫助自己吸收到前進的動能，就不會成錯失市場需求的人。

產品功能：整合能力

當年 Intel 就是在原易開發的 CISC 架構上，整合了高效率的 RISC 架構，才確立了電腦與工作站領域裡獨霸 CPU 的地位。蘋果把成熟的電腦和成熟的手機整合起來，就輕鬆地把 NOKIA 打到趴在地上爬不起來；90 年代臺灣生產的 scanner 在世界占有率超過 90%，後來美日 scanner 廠家以成熟的印表機整合成熟的 scanner 成 MFP，臺灣的掃描器的市場就被搶下來了。所以除了創新，適時的整合能力，是智取天下的成功關鍵：將兩個成熟的產品整合成一個新產品，自然就可把兩個市場都拿下來。「適時」意味著，要拿到最大的邊際效應，除了得第一個將產品完美整合推上市外，還得有智慧等到兩者皆夠成熟後，才有可能整合完美，過早進場則口袋要夠深，因爲整合兩個變數的難度是兩者相乘的。

不只有形的產品靠整合可以取得巨大成功，無形的服務業也得依整合的觀念，就是**連結**兩個（互為需求的）世界：賣家和買家、個人和外界……，一旦連結成功，成長就勢如破竹。許多成功的例子，優步（Uber）不擁有任何一輛車，卻成了世界上最大的計程車公司，靠著就是把乘客和司機連結起來的能力；中國的阿里巴巴、美國亞馬遜、e-Bay，將賣家和買家所期待的、所欠缺的都補齊，就創立了線上電子商務交易平台；YouTube 不製作影片，但到 2017 年 2 月底，每天網友到該網站觀賞影片的總時間突破 10 億小時；臉書本身也不生產任何媒體內容，卻是全世界最大的媒體公司，靠的是讓每個人都能非常快速有效地聯絡到朋友；同樣的，Airbnb 是全世界最大的線上訂房平台，但卻沒有任何房地產；甚至新生的群眾募資平台（像 Kickstarter、Indiegogo 等），平台本身並沒有資金，只集結小投資者，而集結的資金已快超越傳統的創投了。

價錢

創造需求的第二個重點是價錢。在市場領導品牌的定義下，其產品的功能與價格就決定市場同級品的參考價。而沒有品牌知名度的代工廠，就只能以成本加上想要的利潤做底線。結果產品的性價比不夠好時乏人問津，投資是血本無歸，而產品有好的性價比時，其利潤的大部分還是被品牌商賺去。談到產品的定價，就得把品牌的形象與影響考慮進去。

獲利：品牌忠誠度

品牌對產品行銷有「如虎添翼」的效果，品牌行銷的做法，不管是高定位高單價，或是薄利多銷，結果都可以比同級產品，較輕易地把市場上的需求吸引過來。所以在**市場成長期**要下力道推行品牌，到**市場成熟期**和**衰退期**，擁有品牌優勢的產品就能坐享此重要的決定因數了。

品牌商所追求的市場需求，可以借重行銷的4P（position——品牌定位，product——產品功能與技術性，pricing——定價，place——通路）中，最難且需長時間經營的是品牌定位。公司品牌定位是長期累積的，需借由核心產品定位後，依產品功能、價位與通路，加上售後服務，形成整體表現的口碑。產品品牌定位與公司形象定位能成功地相互呼應，則兩者相得益彰，若不匹配，則互相干擾，互蒙其害。在大型公司，因產品線多了，會逐步衍生出多個品牌，以利於進攻市場中不同的用戶群。

以蘋果的平板電腦 iPad 爲例，結合了許多新點子的「技術」，就成功的創造出與原 Mac 電腦不同的平板電腦需求。蘋果不但名利雙收，且成爲平板電腦的制高點。對於隨其後的後來者，需求的創造就只剩下「價錢」，也就是說，同樣的規格，只能以「低價」來吸引消費者。以售價爲€ 799 的 iPad 爲例，其他相同功能的平板電腦，至少要少 3 成的售價，才有可能讓客戶看到。用低價可創造或開發出不同的客戶群，其代價是犧牲了寶貴的利潤。

定位之難在於「文質彬彬」，如何做到「有諸形於內而形於外」的表裡合一。中小型公司的定位都是草率行事，言過其實使得定位吊在半空中，不但成效不彰且浪費資源。有些技術底子非常紮實的企業，卻不知如何將此資訊有效地傳遞出來，這猶如論語〈雍也篇〉提到的「質勝於文則野；文勝於質則史，文質彬彬，然後君子」。

通路

由工廠到終端消費者手上的各種種路徑，都是通路，可能是品牌商、代理商、經銷商、大賣場、甚至虛擬商店的網上銷售，而在銷售的長短來決定了產品競爭力。通路會占掉銷售成本極大的比例。所以，經過的路徑越短，層次越少，則費用越小，如此就可以在利潤上反映出來，或是價位呈現競爭的優勢。當產品功能或售價都無法與品牌競爭時，就得避開大品牌已占住之通路，而以鄉村包圍城市，搶占大品牌尚未擴及的通路，或在供不應求的市場、時段，伺機乘虛而入。

到市場成熟期和衰退期，各家產品在功能與價位已無大差別，終極消費者對此類產品會慣性依通路商所提供的產品，銷售的成績幾乎只要是看通路商的能力，此時市場每個通路的產品只會放一到二個品牌與通路商自己的貼牌。基本上在成熟期之後，在通路商的上架率，就是市場的占有率。

商場上工廠只專注在技術、品質、價錢的三把刀上，就能在銷售上有回報？在產品生命週期與客戶態度兩軸都持續變化下，如何清楚明白每一階段的手段能爲未來的趨勢做準備？行銷就是對產品的銷售做計畫、投資設保險，很多公司是沒有行銷概念，所以銷售動作經常前後相互衝突矛盾；大部分是產品出來後，才開始排入行銷程序，所以還沒實際銷售可能自己就感覺「千金難買早知道」；極少的臺灣公司確實把行銷程序排在產品設計前，如〈九地篇〉「順詳敵之意，並敵一向，千里殺將」，即對產業的生命週期、目標市場內的競爭者狀態、目標市場的客戶需求，都一一理清楚，在各項得失利弊浮現出來後，則行銷計畫是涵蓋了產品規格、成本、上市時間、目標市場的客戶需求等等，則銷售不但僅是按表操課，而且時間充裕，所謂知天、知地、知己、知彼，則銷售結果必是予取予求。

以行銷爲主軸的商戰是先準備好整體計畫，不動聲色等待機會；當機會來時，對準要害，全力衝刺。亞馬遜創辦人貝佐斯認爲，決策之時，速度比完美更重要。「大多數決策，應該在獲得70%你想要的資訊時完成。如果你等到90%，在大多數的情況下，你已經太慢了。此外，你都得擁有快速找出並修正錯誤決策的能力；能善於修正，則錯誤的成本就會比想像來得小，另一方面，慢的代價則是註定非常高昂。」

本篇的內容論述掌握戰事地點的可能性質與利用、指揮官的能力要求、利用地性、軍紀與教育對戰力的維繫，與國家決策後的國防必要動作，所以在時間軸上〈九地篇〉是擺在最前面，之後才是〈作戰篇〉的考量與準備，這觀念如同**行銷**決策要擺**產品**（設計研發）的前面，在設計商品的最前面計畫，就必須先考慮目標市場爲何？市場定位（高／中／低端）？潛在客戶對產品的功能與價錢想法爲何？如何可吸引與說服客戶？行銷計畫大方向定下後，再來才是產品研發的考量，用哪一種技術？預算多少？開發時間？產品成本？那一個負責人最適合？才能做到了「始如處女，敵人開戶，後如脫兔，敵不及拒。」像台積電張忠謀自述「深思熟慮，但一擊必殺」的決策風格，〈九地篇〉特別適合在 booming 中的市場成長期的前期，行銷主軸由自己的優點出發，因地、因時制宜，強調自己的優點讓客戶看到你。由於此時市場狀態是還沒大一統，百家齊鳴、百花齊放，產品技術還在發展中、客戶的想法還在變化中，「九地之變，屈伸之利，人情之理，不可不察也」，隨著決策的啓動、戰情的演變，瞬間戰地意義發生改變，敵我的情勢也改變了，士氣（制勝之道）最後會起變化，如何動靜有序以致勝，〈九地篇〉將「道、天、地、將、法」的意義綜合交叉運用上，是值得一再研讀深思的一篇法則。

火攻篇

凡火攻有五：一曰火人，二曰火積，三曰火輜，四曰火庫，五曰火隊。火攻形式共有五種：一是火燒針對人馬，二是焚燒針對糧草，三是焚燒針對輜重，四是焚燒針對倉庫，五是火燒針對運輸設施。

行火必有因，因必素具。實施火攻必須具備條件，各項條件必須準備齊全。

發火有時，起火有日。時者，天之燥也。放火要看準天時，起火要選好日子。天時是指氣候**乾燥**。

日者，月在箕、壁、翼、軫也。凡此四宿者，風起之日也。適合放火日子，在月亮行經「箕」、「壁」、「翼」、「軫」四個星宿位置的時候。月亮經過這四個星宿的時段，就是**起風**的日子。11 月 23 日～12 月 7 日箕宿，2 月 19 日～3 月 5 日壁宿，8 月 12 日～8 月 22 日翼宿，8 月 23 日～8 月 26 日軫宿，二十八宿：東方（左）青龍七宿、西方（右）白虎七宿、北方（上）玄武七宿、南方（下）朱雀七宿。

凡火攻，必因五火之變而應之：凡用火攻，必須根據五種火攻的不同而部署兵力策應。

火發於內，則早應之於外：在敵營內部放火，就要早先派兵從外面策應。

火發而其兵靜者，待而勿攻，極其火力，可從而從之，不可從則止。火已燒起而敵軍依然保持鎮靜，就應等待不可立即發起進攻。待火勢旺盛後，再根據情況做出決定，可以進攻就進攻，不可進攻就停止。

火可發於外，無待於內，以時發之，火發上風，無攻下風，晝風久，夜風止。火可從外面放，這時就不必等待內應，只要適時放火就行。從上風放火時，不可從下風進攻。白天風颳久了，夜晚就容易停止。

凡軍必知五火之變，以數守之。軍隊都必須掌握這五種火攻形式，等待條件具備時進行火攻。

故以火佐攻者明，以水佐攻者強。用火來輔助軍隊進攻，效果顯著；用水來輔助軍隊進攻，攻勢必能加強。

水可以絕，不可以奪。水可以把人或物資分割隔絕，但卻不能焚燬。

夫戰勝攻取而不修其功者，凶，命曰「費留」。凡打了勝仗而不能善待人民來鞏固戰果，這種危險，叫做「費留」。

故曰：明主慮之，良將愼之，非利不動，非得不用，非危不戰。所以說，明智的國君要愼重地考慮這個問題，賢良的將帥要嚴肅地對待這個問題。沒有好處不要行動，沒有取勝的把握不能用兵，不到危急關頭不要接戰。

主不可以怒而興師，將不可以慍而攻戰。國君不可因一時憤怒而發動戰爭，將帥不可因一時的氣憤而出陣求戰。

合於利而動，不合於利而止。怒可以復喜，慍可以復說，亡國不可以復存，死者不可以復生。符合國家利益才用兵，不符合國家利益就停止。憤怒還可以再變爲歡喜，氣憤也可以再轉爲高興，但是國家滅亡了就不能復存，人死了也不能再生。

故明主慎之，良將警之。此安國全軍之道也。所以對待戰爭，明智的國君應該愼重，賢良的將帥應該警惕，這是安定國家和保全軍隊的基本道理。

心得分享

戰場指揮官利用地形的特性，來提升部隊在臨場的戰力，達到接戰時能「以強擊弱」之優勢，成爲自己致勝的外在條件。除利用地形之外，戰場上可借助的外力還有水與火。雖然水火都無法強行採用，但使用得當，其效果勝過千軍萬馬的戰力。

其中火的重要性更勝於水，因水的趨下特性是無法改變，首先聚集大量的水就是個難題，還要引誘敵軍到水的下游，更是難上加難。相對而言火較容易操控，只要是在天乾物燥的日子，選擇季節交替（所謂箕、壁、翼、軫星宿當值的日子），此時冷熱氣團交流之下，常會颳起起大風，就可以在敵方的人、裝備、糧草、軍營等處放火來攻擊。一旦火勢展開，其威力是勢不可擋，所過之處都會是生靈塗炭、草木不生的結果。在古今中外的戰爭史上都有出現火攻的戰術，所以在戰場上攻防兩方的指揮官除了想辦法用火攻擊對方，也還得時時刻刻提防火造成的殺傷力。

東漢末年袁紹軍兵多糧足，率領 10 萬大軍與曹操會戰於官渡，而曹操只能派出 2 萬兵馬，且糧少不能長久支持下去，後來原本是袁紹麾下謀士的許攸來降，獻上奇襲烏巢一計，曹操大喜並親自率軍，成功將袁軍糧草全部燒毀，袁紹軍無糧大敗而還，從此袁紹勢力衰落。

在抗戰時機，中國軍力遠低於日軍，在湖南長沙三次會戰中，中國採用決堤黃河，破壞日軍的行軍與運輸系統，成功抵擋了日軍前兩次會戰的攻擊，而在第四次會戰中，大火毀燒長沙，在確定不可守後就讓日軍無法「務食於敵」，如同俄羅斯在拿破崙進攻莫斯科前，大火一把燒了莫斯科，使得法軍遠道而來，無糧無房可用，冬季來臨時，只好倉皇逃回法國。

三國赤壁之戰是中國歷史上以少勝多、以弱勝強的著名戰役之一，也是中國歷史上第一次在長江流域進行的大規模江河作戰。針對曹軍「連環船」的弱點，孫權部將黃蓋詐降，以火船領軍攻擊而迅速大敗曹軍。

「發火有時，起火有日」

〈火攻篇〉對商場經營者的啓示是，要使產品銷售如火勢般展開，有千里燎原勢不可擋的結果，則銷售前就要對目標市場建構好「購買熱潮、買氣旺盛」的條件，即產品銷售的目標市場，能處於「天乾物燥」的狀態，也就是說讓目標市場的消費者能對產品注視到、吸引住，進而起心動念有意購買。這個工作就是行銷裡重要的一環——「造勢」，其策略基本分爲兩大類——產品行銷（product marketing）與通路行銷（channel marketing），主要以產品在產業的生命週期為決定主軸。

通路行銷就是針對各種通路商的銷售特性，而進行不同的銷售的方式，所以是以「通路導向」的方式。採用此種方式的產品通常處於**市場成熟期**，由於各家產品在功能上並無大差異，或產品功能都可以滿足消費者的需求。此時的行銷方案，大多只是配合通路商做出的銷售計畫以刺激該通路的買氣。因每種通路渠道的特性不同，其基本的客戶群的購買習性與誘因也會不同，所以行銷方式基本是配合通路商的計畫，期望銷售是 1 加 1 大於 2 互有幫助的成績。

通路商為迎合其基本客戶群的購買習慣，都會選擇最佳行銷時機進行銷售擴展的活動，像選擇市場買氣來臨的「旺季」、或在新賣場的開張、週年慶與許多巧立名目的理由來吸引客戶的上門購買。而電子商務通路的銷售基本是「守株待兔」型，沒有實體通路的產品解說員的服務，所以在產品購買區旁，會有客戶使用後的口碑或評價，與專業的測試與推薦，這就是對有心動的消費者做臨門一腳的行銷，以口碑與推薦來間接鼓勵採購。不但電子商務通路與實體通路的購買習性與誘因就完全不同，即是不同的實體通路之間也有不同的購買誘因，可口可樂等飲料就是一個典型的例子，在便利店是以方便為主的單瓶銷售，而大型賣場以便宜為主的行銷，一箱 6、12，甚至 24 瓶各有價差，這是通路行銷的差異化。

產品行銷是以「產品導向」的方式，尤其適合產業初期的**市場教育期**與**市場成長期**，所以造勢的焦點都放在自家產品功能的優越性或獨特性。為了能讓消費者明顯看到的特性而且接受，最好能藉由專業媒體的測試、評比、或專家的推薦。借由「功能導向」的產品行銷能同時增加品牌效應，如此就能橫跨所有通路的銷售差異性，而達到消費者的指名購買成效。就像最成功的iPhone 手機，其中最成功的當屬第一代 iPhone，當賈伯斯從口袋中拿出向全世界展示的時候，連競爭者才明白智能手機必須具備怎樣的功能，而大量消費者的指名購買，讓所有通路商放下身段，只求能分配到任何數量，外加主動且大幅的廣告來吸引蘋果創造出來的需求。還有像 Covid-19 新冠病毒的肆虐下，幾乎全球人民對疫苗的要求是完全「功能導向」，其他的選項都不在考慮之內。

所以「造勢」的基礎，即是公司備好貨、準備銷售前，在「品牌、功能、價錢、通路」中，擇己之強項，作爲推銷主軸開始宣傳，此即「發火有時」。若能成功地激起消費者的購買慾，就可以達到「起風」的作用，若能再遇到買氣最大的時機，則市場將如天乾物燥，就是銷售「起火」的好日子，則產品的銷售自然是如火燎原，輕易可以將目標市場席捲而盡。

眾多中國的工廠，甚至臺灣的許多公司，在國際銷售時，大都還採用「遠古時代」的沿門托缽，挨家挨戶地敲門方式去販賣產品。甚至有些公司在設立前進據點時，都不知如何藉由當地媒體對目標市場與客戶，來推銷公司的核心價值與產品優勢，如此的前進據點設置，完全是圖具其形，而沒有其優勢。

即使「客戶導向」的通路行銷，其方式的主導權在通路商，但銷售成敗的基礎還是在產品本身的「品牌、功能、價錢」上，尤其通路商在產品的功能絕沒有太多知識，也不會花太多腦力做差異化，最終都是以產品的「品牌效應」上，以優惠價錢來吸引其客戶而已。

事實上「媒體」就是扮演市場上的「風」，除了日日月月可以把產品吹的火熱，還可把訊息吹到每一個市場的角落。尤其在秀展季節與銷售旺季時，供應鏈的各環節與終極消費者都會把目光移到媒體，來參考媒體的意見。

所以想在商場上要到處點火，並使之四處蔓延，將市場凝集的買氣轉移一些到自家產品上，就要學會借用「媒體」的功能。產品需要媒體報導而媒體也需要報導產品，所以找上媒體之前，先將自己產品有新聞價值之處找出來，然後再運用下列四種途徑，將產品與品牌的訊息推廣到市場上：

1. 公共關係（public relation，PR）：利用新聞發布方式，以說明會或透過 PR agency，持續不斷而全面性在各種媒體出現，傳遞公司的新產品、新的通路商、成長的數字，其至優惠的特價等正面結合公司品牌的信息。

2. 參與秀展：秀展是該產業各路人馬聚集的場合，許多潛在的策略夥伴、銷售通路商都會出現，同時亦是媒體目光焦注的時刻，尤其對初入該產業的新手，更應該以此爲入行的階梯。

3. 網路工具：將公司網站架設好，因爲公司網站就是公司的門面，許多消費者在購買前一定會到公司網站瀏覽，網站版面的設計一定要結合公司的定位信息，公司各種資訊，力求在每頁均充實與不雜亂，整潔而齊一化。其他像主動利用 email 或 Facebook、Twitter 等具備信息分享功能、利用 Google 等搜尋引擎的關鍵字向潛在客戶傳播，甚至製作好點子的動畫、影片、圖片，讓收件者對收到的「非傳統廣告」，能始於好奇，繼而驚喜，最終願與好友分享，即所謂的病毒式傳播，都是善用惠而不費的傳播工具。

4. 廣告：許多人對「造勢」有誤會，以爲就是報章雜誌上的廣告，或是把所有美好的形容詞、圖片放在一起就是好的廣告，這在廣告的地方（地）、廣告的時機（時）、廣告的對象（人），甚至廣告的方法與內容（法）都錯了。如果你的客戶是系統整合商、品牌商，則「造勢」的地方絕不會是報章雜誌上，但有一點是不會變的，公司的核心價值與客戶的好處、遠景與定位，成功的案例（reference）。所以產品好時則以產品「功能導向」的方式，在專業雜誌上推而廣之，平日則以「通路導向」的方式在通路商的目錄、夾報上登廣告，以配合銷售通路商的計畫。

戰爭的過程都是人性的沉淪，帶來的都是災難與死亡，人類歷史幾千年來都是爲了少數君王所追求的名和利，不惜踩在成千上萬的屍體前進，倖存的百姓只希望戰爭的得勝者，政治能清明，讓百姓安居樂業。孫子說「夫戰勝攻取，而不修其功者兇，命曰『費留』」，中國歷史上文治武功並兼的明君就數唐太宗與康熙，確實爲上馬奪天下，下馬治天下，不但在世時能爲百姓造福，且死後還能爲子孫後代留下好的典章制度而遺愛後人，古代有此種領導者，而今日的民主選舉制度，就是百姓之福氣。

而商場上「費留」的意義，即是提醒廠商銷售出去的產品，若沒做到規格描述的品質與功能、售後服務沒有做到位，則是摧毀自己的品牌，也斷送掉了未來，這是任何欲有爲的廠商需避免的地方。

售後服務是常被忽略卻是行銷很重要的一環。事實上售後服務的成效極大，只要知道如何做，事先準備好，費用就可極低。產品在正式批量生產時，依生產時各個半成品的不良率

（defect rate）爲基礎點，扣除非功能性的零件，考量半成品內發生不良結果的原因，設訂一比例的維修備用半成品，如此就可以即時修護絕大部分的售後不良品。一般而言，備用半成品與整個售後服務費用，不足產品銷售金額的 1%，而成效是幾乎讓所有客戶的滿意度非常高，是非常必要且值得的投資。

品牌行銷就是在銷售的過程中建立品牌的辨識度與忠誠度，以便使未來的產品銷售能借力使力而事半功倍，所以對於購買產品的終極消費者，不能讓他們的不滿意存在，否則會蔓延到上下左右的通路商與潛在消費者，都會有不好的口碑。相對的，若能對危機處理得當，反而常會使危機爲轉機，因爲經過考驗的好，才是眞正的好，處理的結果也同樣對知道該危機的上下左右通路商與未來潛在消費者，都會產生極好口碑的回報。

用間篇

孫子曰：凡興師十萬，出征千里，百姓之費，公家之奉，日費千金，內外騷動，怠於道路，不得操事者，七十萬家。孫子說：興兵十萬，征戰千里，百姓的耗費，國家的開支，每天都要花費千金，前後方動盪不安，士卒疲憊地在路上奔波，不能從事正常生產的，會波及七十萬戶。

相守數年，以爭一日之勝，而愛爵祿百金，不知敵之情者，不仁之至也，非民之將也，非主之佐也，非勝之主也。這樣僵持數年，爲了最終的獲勝，如果吝惜爵祿和金錢，不肯用來獲取敵情，而延誤勝利甚至失敗，那就是不仁到極點了。這種人不配做軍隊的統帥，不是君王的輔佐，也不能爲勝利的主宰。

故明君賢將所以動而勝人，成功出於眾者，先知也。所以明君和賢將之所以一出兵就能戰勝敵人，功業能超越眾人，就在能預先掌握敵情。

先知者，不可取於鬼神，不可像於事，不可驗於度，必取於人，知敵之情者也。要事先掌握敵情，不在於求神問鬼，不可用古代成敗的故事來類比，也不可以用星象來做決策，一定要取之於人，從那些熟悉敵情的人的口中去獲取。

故用間有五：有因間，有內間，有反間，有死間，有生間。間諜的運用有五種：鄉間、內間、反間、死間、生間。

五間俱起，莫知其道，是謂神紀，人君之寶也。五種間諜同時用起來，使敵人無從捉摸我用間的系統，這是神奇的武器，是國君克敵制勝的法寶。

鄉間者，因其鄉人而用之；所謂鄉間，就是利用敵方老百姓做間諜；

內間者，因其官人而用之；所謂內間，就是利用敵方官吏做間諜；

反間者，因其敵間而用之；所謂反間，就是使敵方間諜爲我所用；

死間者，爲誑事於外，令吾聞知之而傳於敵間也；所謂死間，是將假情報傳給敵方，爲了使敵人上當，抱著必死決心；

生間者，反報也。所謂生間，就是掌握敵情後回來面報的人。

故三軍之事，莫親於間，賞莫厚於間，事莫密於間，非聖賢不能用間，非仁義不能使間，非微妙不能得間之實。所以在軍隊中的，對間諜任務交代是不假手其他人，獎賞沒有比間諜的更優厚，沒有比間諜更爲祕密的事情了。不是睿智超群不能使用間諜，不是眞正仁義不知指使間諜，不是思慮精細不能得到間諜眞實的價值。

微哉微哉！無所不用間也。間事未發而先聞者，間與所告者兼死。微妙啊微妙！無時無處不可以使用間諜。間諜的情報還未發布，而有人已經知道，那麼間諜和知道內情的人都要處死（表示內部出了問題，或將出問題。問題不是在間諜就是知情者，處死是讓敵人無法判斷我方會用或不用這個情報，也無法將這問題蔓延下去）。

凡軍之所欲擊，城之所欲攻，人之所欲殺，必先知其守將、左右、謁者、門者、舍人之姓名，令吾間必索知之。凡是要攻打的敵方軍隊，要攻占的敵方城市，要刺殺的敵方人員，都需預先了解其主管將領、左右親信、負責傳達的官員、守門官吏和門客幕僚的姓名，指令我方間諜一定要將這些情況偵察清楚。

必索敵間之來間我者，因而利之，導而舍之，故反間可得而用也；一定要搜查出敵方派來偵察我方軍情的間諜，從而用重金收買他，開導引誘他，然後再放他回去，這樣反間就可以爲我所用了。

因是而知之，故鄉間、內間可得而使也；通過反間了解敵情，鄉間、內間也就可以利用起來了。

因是而知之，故死間爲誑事，可使告敵；通過反間了解敵情，就能使死間傳播假情報給敵人了。

因是而知之，故生間可使如期。五間之事，主必知之，知之必在於反間，故反間不可不厚也。通過反間了解敵情，就能使生間按預定時間報告敵情了。五種間諜的使用，國君都必須了解掌握。了解情況的關鍵在於使用反間，所以對反間不可不給予優厚的待遇。

昔殷之興也，伊摯在夏；周之興也，呂牙在殷。從前殷商的興起，在於重用了熟悉並了解夏朝的伊摯；周朝的興起，是由於周武王重用了了解商朝情況的呂牙。

故明君賢將，能以上智爲間者，必成大功。所以明智的國君，賢能的將帥，能用智慧高超的人充當間諜，就一定能建樹大功。

此兵之要，三軍之所恃而動也。用兵的關鍵是運用間諜獲取的敵情，懂得倚靠正確的情報就能使整個軍隊的軍事行動成功圓滿。

心得分享

戰爭是非常殘酷的行爲，除了在戰場上的殺戮地獄外，受戰爭影響的家庭、社會亦是慘狀四現，所以戰前情報蒐集與分析、研判，除了可以幫助國君與將帥做出正確的決定與對策，亦可縮短戰爭的痛苦期。

古今中外，對於情報人員都是給予超乎尋常的優渥待遇，就是爲了達到知彼的目的。在國共內戰時期，雖然國軍的人數、裝備、訓練，都遠超過共軍，但內戰打的是民心向背，當時共軍的軍紀嚴整，對百姓秋毫無犯，而當時國民黨官員只在乎黨派而不是人民的利益，國軍的底層人員辛苦也無人關心；相對而言，共黨無執政所以無腐敗紀錄，即便國軍在各方都占優勢，中共是鄉間、反間、內間、死間、生間等五間俱起，在肆意造假宣傳下，鼓動國人反內戰，對陣的國軍幾乎完全爲共軍掌握甚至利用，如同眼瞎耳聾的巨人；而共軍從蘇聯接手了整個關東軍的裝備與滿州國的兵力，在國共和談與美蘇協議後，從蘇聯接手了大量的重裝大砲，不但抵擋了國軍的攻勢，而且五間俱起開始勝利，甚至接收一波波陣前起義的國軍，最終在美國的臨陣拋棄，國軍只能黯然退出大陸。

即使49年後，有駐防金馬地區的國軍都有此經驗，每次移防軍隊剛抵達金門，對面廈門的政戰喇叭，就會對來移防的各層指揮官與政戰官名字由上而下一一點名，雖口說歡迎國軍的移防，實則刻意展示共軍詳盡情報的能力，這讓初抵金門前線的士兵與預官大吃一驚而起莫名的寒意。

英吉利海峽在二戰中對德國與美英爲首的盟軍，都是難以橫渡的天險，原先成功地阻嚇了納粹德國的向英國的侵略，而後來也同樣造成盟軍反攻歐陸的困難。盟軍爲了誤導德軍登陸地點，除代號霸王行動（Operation Overlord）爲建立一個穩固的登陸立足點，盟軍設計了許多的保鏢行動，包括堅忍行動、齊柏林行動、銅頭蛇行動等多個子計畫：

1. 堅忍行動：成立一個實際上不存在的美國第1集團軍群，以盟軍中最讓德軍畏懼的喬治・巴頓爲指揮官，下轄不存在的美國第14軍團，也虛設了6、9、18、21、135等五個空降師，和設在愛丁堡的英國第4軍團，目的讓德軍以爲盟軍要由挪威或距離英國本土最近的法國北部城市加萊（Calais）。

2. 齊柏林行動：讓德軍誤以爲盟軍將在克里特島、希臘西岸或羅馬尼亞黑海海岸登陸的計畫。此行動同時也掩護了龍騎兵行動，後來在1944.8.15啓動登陸普羅旺斯地區，對德軍的背部進行攻擊。

3. 銅頭蛇行動：爲使德國情報機構誤判了蒙哥馬利上將的位置與盟軍的未來動向。

盟軍計畫第一批登陸有 25 萬名官兵，以及 2,000 艘小型登陸艇、1,500 輛坦克、5,000 輛裝甲車、10,000 輛吉普車和推土機。英國各個港口被塞滿了。它們準備由 3,000 艘戰艦搭載著，外加 925 架飛機將兩個美國空降師和一個英國空降師的 18,000 名傘兵，空降在德軍諾曼第陣地後面。即使盟軍成功地欺騙了德軍，納粹把百萬大軍安排到了加萊沿海地區，諾曼第只安排了 20 萬的雜牌軍，甚至一半不是德國人，更不是精英部隊，盟軍的登陸行動還是死傷極爲慘重。

而英吉利海峽最狹窄的地方，法國北部城市加萊與英國的多佛爾，即多佛海峽（Strait of Dover）長 33 公里所隔開。而臺灣海峽兩岸之間最短的距離，是從福建的平潭島到新竹的南寮漁港，有 68 海浬（約 125 公里），所以臺灣海峽可說是臺灣的護國天險，只怕出現甘爲中共的間諜爪牙。

烏克蘭原有 7 家電台，有支持執政黨，也有反對的。俄羅斯入侵略烏克蘭後，烏國政府將 7 家電台統一爲 1 家，並由政府控制以凝聚國家的共識。所以一旦戰爭開打，政府必須對有投敵傾向的政治人物與百姓，都得嚴加看管甚至監禁，以免危害國家安全。間諜活動是一種「黑幕下」的戰爭，政府與全體人民對間諜的危害，都得有清楚的認知。二戰期間，美國也是將所有歸化的日人集中監禁，以免四處打聽走漏消息，直到二戰結束才釋放，日後並做賠償，而其間美國就沒有發生任何情報走漏的間諜事件。

今日戰爭行爲大都爲「無煙硝」的經濟戰爭，在科技發達的今日，許多情報都是唾手可得，商情的蒐集，可擴及到競爭者的上游供應商，舉凡主要零件、附配件，甚至到包材，都可以推論出競爭者的生產數量、規格與上市時間。也可從競爭者下游的各通路商中，得到銷售量與庫存量，甚至由其售價而推斷出其毛利與品質的等級。所以在商場上，情報的獲得遠不及分析的重要。在資訊幾乎完全透明化下，決勝點就是雙方的分析力與執行力。

Internet 的出現改變傳統資料取得的方式，現今資訊透明且快速大量流通，使得資訊的取得是不費吹灰之力、不用假以時日，即可做到的事。但我們應該思考的是，如何面對龐大資料的湧入？如何去處理和過濾資料呢？若無法有效分類篩選資料，使之發揮功用，則資料再多也無用武之地，因此資料處理反而超越資料的取得，而變得更重要了。

在此之下〈用間篇〉的運用不該專注在其獲取情報的手段，而應該爲如何將共享的資訊分析轉化爲情報（知識）與執行力（智慧）。例如在歐美都有專業的市場調查公司，像美國的 DataQuest、IDC、KeyPoint，或德國的 Gfk、瑞士的 InfoSource 都有提供不同領域的市調服務，不但持續地更新調查出來的數據，而且提供市場未來的發展分析。但每個市調服務都有其限制，尤其是時效性，更不用說較適用在宏觀角度，而較少量身訂做的針對性，所以僅適合作爲專題研究的背景資料。

首先領導者是否有能力警覺危機的出現，而火速掌握確實的狀況，同時盤點手上可動用的資源，能當機立斷依輕重緩急重新排序，這種決斷力就是智慧。決斷力或智慧的培養，才是眞正優秀的主事者應該要培養決斷的能力，而非只是知識的累積。

今日情報的獲得僅能說是資訊的蒐集，重要的是如何將錯綜複雜的各種資訊，依自身需求與能力迅速做反應，且需要隨時依環境的變化，採取權衡的應變措施，亞馬遜創辦人貝佐斯認爲，決策之時，速度比完美更重要。「大多數決策，應該在獲得70% 你想要的資訊時完成。如果你等到 90%，在大多數的情況下，你已經太慢了。此外，不管怎麼樣，你都得擁有快速找出並修正錯誤決策的能力；善於修正，錯誤的成本可能就會比想像來得小，另一方面，慢的代價則是註定會非常高昂。」。

從另一角度來看，聰明（IQ 指數）是指你懂得將資料做邏輯分析，而轉換成知識的能力。然而這知識還是一種絕對值、理想值，與未來的時、地、人、物無關聯；而智慧（由 EQ 指數主導），是能衡量當下實際狀況和資源後，列出輕重緩急的優先順序。因爲智慧是相對值、實際值，與當下的時、地、人、物有關。有人擁有很多知識，但在臨事之秋，茫茫然不知該採用哪種知識，或知道對錯而不敢行動，這就是缺少了智慧。

智慧是能洞知大局，依時、地、人、物而有所爲，有所不爲。在那當下，是要忍辱負重，還是要全力衝刺？要動或要靜？亦或此時靜即爲動？他是不是能夠在對的時間點上和在正確的地點，考慮人、物後，能夠將知識活用發揮到淋漓盡致，也就是他懂得爭一時與爭千秋之分別，這些都是衡量一個人有沒有智慧的指標。

中國人常講的「捨得」，就是智慧的表現，在認清現實環境下，將資源做有效的分配，而能達到最大的成效。對於交代的任務，不只有兩利取其重的能力，也敢於任事外還勇於承責，能兩害取其輕。知識是吸收別人的經驗，得到的只是形而下的「器」，而智慧是修練自己的能力，是形而上的「道」。

知識和智慧的分野，已經不再是定義上的辯論。傳統學校的教育，大多著重由外塑由內斂的訓練，強化了吸收能力，所以能力在於知識的累積；但決斷力和智慧要從啓發與自覺爲主，以達到內斂而外發的成果。智慧，不只含資訊、含結論，最重要的是執行力。

培養智慧不在於時間的長短，也不在知識的多寡，而是突破「所知」的有形藩籬，能理出而領悟其背後的道理，進而能轉化到任何其他時空領域，重新構建出新的有形系統，同時印證與發揮背後的道理。在商場也是如此，要嘗試將過去與現在的種種，整理出其規律性，藉此預測未來的走勢，知道能有所爲、有所不爲，就能舉重若輕地應付市場千變萬化的持續挑戰，不只能在空間上決戰於千里之外，也能在時間上決戰於未來而勝利。

這是因爲各產業都推動並採用產業標準，不但整個供應鏈的資源能彼此共享，甚至整個產業重大資訊都因此透明而共享。

要避免被資料淹沒，首先要有能力來篩選資料，有系統地留下全面性的資訊，然後再以邏輯分析與辯證這些資料的眞實性與重要性，也就是讓自己在特定的目標上，從擁有訊息提升爲擁有正確而最新的情報。

但有了這些資訊甚至情報是否對經營管理者就足夠呢？答案是不足的。知識（或情報）只能處理好一些常態事項或慣例，但還不足以處理現在商業環境中錯綜複雜、詭譎多變的狀況。知識就像標準操作手冊，但在處理非標準狀況方面時，尤其對危機的處理，常是嚴重不足的。

一個品牌行銷的成功案例

在行銷市場時，許多亞洲廠商大都只在銷售產品而已，常不考慮以品牌推廣為主軸，一旦市場有所變動，極易陷入進退兩難的境地。在 1998 年與 2002 年間 UMAX 德國嘗試採取先為品牌市場定位，再著手產品定價之方式，不但超出 HP、Epson、Agfa 當時之定位，成功地建立 A 檔貨的市場定位，且賺取了巨額利潤。雖然此種方式在當時有其時空背景，但是其中精神與方法可在此供讀者借鏡。

時空背景

原掃描器售價由 DM299 到 DM499，為一般公司，或公司管理階層使用屬中階市場；而 UMAX 初期主要營業額與利潤來自高階市場，由 DM1000 到 DM9000 都有，為專業影像處理人員或設計公司使用。自 1995 年後網路急速風行，人們對圖形照片需求大增，刺激各廠商致力於更低成本的開發，使低階市場開始倍數成長，1998 年市場已是廝殺慘烈，由 DM99 到 DM299 都有，如 Mustek（鴻友）、Plustek（精益）、Artec（大騰）與新起之秀 Primax（致伸）均以極低價位，犧牲部分利潤方式來攻占更大的市場。

一般市場均呈金字塔形狀，低價位市場遠大於中、高階市場，在德國亦是如此。如何切入低階市場，Umax 內部由總公司到各子公司都各有其看法與取捨。當時 UMAX 美國認爲鎖定指標對象——惠普（HP）的價位，依此再低一個價碼，並提供比其更優惠的折扣給大賣場，就可搶到一些市場。推行結果不但美國惠普公司銷售受到一些影響，還硬是擠掉 Mustek USA 在大賣場的市場，這使 UMAX 在美國的市占率一舉超過惠普，成爲市占率第一並達十八個月之長。

UMAX 德國評估後認爲即使成功殺入大賣場，僅會有營業額而無利潤的結果，更何況德國市場不如美國大，卻擠著更多同是來自臺灣的廠商。故採取另一種方式，試圖達成「後人發，先人至」。我們決定先將 Umax 品牌在市場定高品味後，再依此結果來爲產品定價。希望由品牌帶動需求與銷售帶來利潤，將品牌與利潤成功於一役。爲此就得由媒體評獎下手，以建立起高品質的品牌效應，更可以名利雙收。但當時 Umax 掃描器的掃描速度比其同級產品慢，成本亦高於其他廠商，這些都是立即可見的缺點。雖然 Umax 掃描器影像品質在雜訊處理與色彩飽合方面，是遠優於同級機種（如 HP、Epson，就更不用提 Mustek 或 Primax），但當時雜誌媒體的編輯均不知道要如何測試掃描器的影像掃描品質，所以初期之測試標準一般爲品質（30%）、速度（30%）、價錢（30%）。其中價格評分是售價越低評分越佳，速度方面是掃描速度越快評分越佳，品質評分以製造商所提供的數據，如類比—數位轉換器（analog-digital converter，ADC）的位元數，認爲 36 位元掃描器品質就較 24 位元掃描器品質一定好，似乎是公平的方式。如何改變此困境？

行動開始

首先 UMAX 德國要求工程師測出競爭者之間的優劣後，準備了一份有關掃描器的說明書給各方自由索取，尤其是針對第三公正中立的技術媒體的編輯與測試撰稿人員。我們強調好的掃描器應該是要看得到所有的色彩，而不漏失任何顏色，以便彩色列印時呈現最大的鮮艷飽合度，且不能有色差。對此我們教導使用者可由 Adobe Photoshop 的 Histogram 中查看掃描進來的照片之色頻分布是否有掉色的現象。

另外若照片要做影像處理時，必須使其信號／雜訊比最高，尤其雜訊（noise）必須要降到極低，否則放大照片影像時，雜訊也會增加並顯示出來。我們說明如何計算其品質指數（dynamic range，D=log(S/N)），其非單純檢驗掃描器所採用的類比—數位轉換器的位元數。在此我們教導使用者可以掃描一張同灰度之標準紙或普通白紙與黑紙，然後把對比（contrast）和亮度（brightness）拉到最高，就可看到該掃描器的黑雜訊（black noise）與白雜訊（white noise）的品質問題。

對於自己掃描器的缺點，我們指出掃描速度的重要性比率應降低。因爲使用者在影像輸入後，到最後處理完影像圖結果至少要花 1～3 小時，而且品質差的影像更會花費更多時間；其中掃描器輸入時間僅占所有影像圖結果不到 1% 的（約 1 分鐘）。如果掃描器可以把圖片的最好品質呈現出來，即使代價是多花 30 秒的時間，相當於多喝口咖啡的時間，也是值得的。

請大家注意，從頭到尾我們並沒有強調 UMAX 掃描器的品質比別人好，而附頁也僅有產品的規格而已。相對於介紹自家的產品，我們花了相當大的篇幅介紹有關掃描器的知識與測試方法。若雜誌社編輯能接受我們的論調，不但測試結果必是非常正面，且各通路商亦會接受我方的價位結構。除此之外，我們做了一個很大的決定，即在送掃描器給雜誌社時，我們選定德國 *PC Welt* 爲優先送測，原因在於 *PC Welt* 當時是發行量僅次於 *Computer Bild* 雜誌，且每月有排行榜，是全年持續評比產品，推廣效果非常巨大。我們先不告知市場參考售價（suggestion retail price，SRP），僅告知編輯我們正在考慮中，但會在其截稿前提出。UMAX 希望 *PC Welt* 先測試完，對其品質有所了解後並下評比後，我們再來定價。

評比得獎

一星期過後，雜誌社負責掃描器與印表機的編輯打電話來，以非常驚訝口吻說 ASTRA 1200S 的品質非常讓人驚豔，而且他們亦修正了測試比重標準，品質部分由原先 40% 提高爲 70%，也增加雜訊和色彩飽合度的測試，速度由 25% 調降爲 10%，價格比重不變（20%），其他支援功能爲 10%。接著詢問我們所要訂的價錢，我們以請教的口吻詢問是否能訂在 299 馬克，亦可在 249 馬克，而且我們希望能在他們的評比中得到第一名。該編輯當場建議可訂在 299 馬克，甚至表示我們的產品仍可以得到第一名。

以當時我們之訂價公式（SRP-16% 加值稅）×20% 給大賣場、25% 給代理商，即賣價爲 200～190 馬克之間。我們之進價視匯率爲 FOB 82～85 馬克之間，而其他的像 Mustek 12000S 訂在 199 馬克（早就被甩在 TOP 10 外），而 HP 訂爲 249 馬克，也同樣是在 TOP 10 外。以這樣的測試結果，UMAX 德國能夠比其他具影響力的競爭者如 Mustek 多賺取了 150% 的利潤，而比重量級對手如 HP、Cannon 和 Epson 多獲得他們利潤的一倍。我們說帖出來後，加上 *PC Welt* 採取我們的觀點，各家雜誌社亦都修正了各項評比的比重，品質比重升到 60～70%，（雜訊：30%，色彩飽合：30%），速度比重降到 10%。又過兩個月後，我們的掃描器第一次得到德國 *Computer Bild* 之年度最佳掃描器，一舉得到品質優勝獎（Qualitaet Siege）與價格實惠獎（Price Performance）。

如此大費周張是因爲欲銷售一個產品於沒有需求的市場上，就像一艘帆船行駛在沒有風的大海上，它是需要花極大的力量，才可行駛到你想要去的地方。帆船若有風，不論是順風或逆風，對於一個駕帆高手而言，他都可以操縱帆船的帆與舵，利用風向將船行駛到目的地。若但沒有風，他就必須自己慢慢划槳吃力地達到目的地。同樣的道理，若在市場沒有客戶、沒有媒體注意到你的產品，則你必須要花很大的力氣去逐一解說和資源去打昂貴的廣告，或降價即犧牲利潤才能讓大家注意到你的產品（所謂的「造勢」）。因此，能量的聚集是非常難得的，尤其是市場出現的能量，均是要經過一大群的精英人員與一大群的巨型公司相互激盪而發散出的能量，這對市場每一競爭者都是非常重要的，而如何去使用或轉換它是更重要的。若能善用這能量，並順勢推出某項產品去追隨這個能量，則可以說是「藉勢」，因勢利導，可以省去很多你推動該產品所需要的資源。

在德國第一、第二大雜誌評比出來後，UMAX Astra 1200S 和其他姐妹產品在德國得到近二百個大大小小的獎（有興趣可上 http://www.umax.de/William/Title3/page142.html）。凡是有評比的測試，常常得到第一（最差亦有第三），不但如此，其他姐妹的產品，亦各領風騷，在各項評比裡如入無人之境，所向披靡，就有如一人得道，雞犬升天。這就是所謂的品牌定位的效應，以技術做後盾，產品定位高而必能拉高定價，以增加利潤。當時甚至前六個月 1200S 均需每月空運幾萬台，直到第五個月海運接上爲止。UMAX 德國第一次見識到大量訂單如雪片般飛來，而帶來排山倒海的利潤，而客戶爲爭訂單，自動願付現金來爭取多些配額。當時掃描器市場已爲熱門產品，大部分雜誌的編輯多想做報導，亦希望有專業性的知識做公正性的測試。UMAX 德國精挑細選自己最強項的兩項，如此作爲掐頭去尾介紹掃描器的重要性能，並教導大家測試方式，若確實依此測試評比，必然 10 家雜誌測試而得十個最高獎。當時掌握資訊後，擬定計畫再確實執行，就造就前無古人之獎數，並當仁不讓賺取最大的利潤。反觀 Umax 美國僅以銷售爲主軸，未能利用產品高性能之絕佳機會將品牌建立在高位階上，等到惠普依高品牌來降價壓迫時，亦如同其他臺灣廠商，都開始滯銷或以虧損賣出，最終都被迫退出市場。

危機處理

這時 UMAX 德國面臨一次危機，因爲在美國出現了 36bit 和 24bit AD Converter 的爭論。美國市場的競爭者指出 UMAX 掃描器爲 24bit，雖說明是 36bit 品質的掃描器，認爲 UMAX 說謊或誤導消費者，告上法院以此來打擊 UMAX 美國。

消息傳來，UMAX 德國對此的應變是，馬上找出這個領域的專家，也就是在慕尼黑大學的某位影像處理方面的知名教授，請他即刻做一個測試。經過他證實我們的產品的確比名牌 Microtek 的 36bit 專業掃描器品質爲好，因此我們以 36bit 的品質來標榜市場上的產品是絕對可行的。我們將此報告，傳送給所有的媒體，並解釋若掃描器將壞品質的類比影像信號，經由 12bit AD Converter 紅藍綠三色轉換爲數位信號後，亦是差的品質。他牌產品是使用 12bit 的 ADC 沒錯，但基本雜訊沒有處理好，只能得到 12bit 的數位資料，非應有的 12bit 品質。反觀 UMAX 因將雜訊降到極低，24bit 反而可以超過市面任何其他 36bit 掃描器的品質。

若在平常的時間，要讓別人知道 24bit 比 36bit 所表現出來的品質還好，要花多大的力氣或打多少廣告，且消費者還不一定想聽。而我們藉著這樣突然而出現的能量，雖然它是衝著我們的心臟打來，但 UMAX 德國卻以四兩撥千斤的方式，以智慧轉換此衝擊而來的能量，而變成爲公司產品加碼的力量。結果不僅是 *PC Welt* 堅持其測試結果，所有的媒體都報導這個消息，且以非常正面的評論爲我們的反駁觀點助陣。因爲有了這個免費且正面的能量，UMAX 德國往後幾個月贏得其他不同雜誌的獎項，也收到來自客戶的大量訂單。

此事件說明即便原本某個外在能量是攻擊你的，但若能轉移這個負面能量於自己不足之處，而要求你全公司的員工改變他們原先的工作態度，調整自我來因應市場的挑戰，則危機也就可能變成轉機。想想若當時市場上客戶都在談論你的產品，雖然全是負面的評論，但這樣的集中能量，是你即使花很多力氣，也無法達成的。而你要做的就是如何將這種負面的力量，轉成正面的力量，而且讓大家都注意到最後的正面結果，這就是危機處理，即爲市場能量的掌控，並進而轉換成公司成長的力量。

雖然銷售相同產品，Umax 美國一直以低價與惠普對陣，而 UMAX 德國採取以迂爲直，在德國與歐洲將 UMAX 品牌建立爲 A 級品牌。除了陸陸續續得到眾多大小獎。1 年後 Umax 再次得到 *Computer Bild* 之年度最佳掃描器，隔年再以 Astra 4500 1200dpi，在 *Stiftung Warentest*——德國最有權威與公信力雜誌的年度評比中得第一名，值得一提是以 USB 1.1 的規格而相同定價 99 格，而遠遠贏過惠普（HP）USB 2.0 的第九名。如此品質的認定使我們再次見識到大量訂單如雪片般飛來，而帶來排山倒海的利潤，使得營業額與利潤均雙雙再上揚許多。所以即便在惠普開始自臺灣找代工廠，降低其成本以掠奪更大市場時，Umax 德國仍得以品牌位階保持較惠普高或至少相同價位，而繼續獲利。而其他臺灣廠商，甚至 Umax 美國都因惠普降價的壓迫，不管營業額與利潤都大幅下降，甚至滯銷或以虧損賣出，最終都早早被迫退出市場。

甜美成果

結果 Umax 德國在 1997 年營業額約爲€ 30M，其中近半約€ 15M 營業額爲 Apple clone，因 Steve Jobs 回朝蘋果公司，並終止所有 Apple clones 之合約，造成整個 Umax 集團極大虧損，影響之下德國亦以赤字€ 3.5M 收場。到了 1998 年成功以品牌行銷策略，使掃描器營業額爲增加一倍有餘到€業額爲，利潤亦轉負爲＋€潤 .2M；到了 1999 年 Umax 掃描器更成長到€成長到，利潤亦升爲＋€潤 .2M，將原 Apple clone 大虧損與隱藏性虧損全彌補過來，並連續 8 年賺錢，除了能在 3 年後因掃描器市場萎縮，避免如 Umax 美國、日本、中國等各子公司以倒弊收場，Umax 德國並且有能力利用品牌轉型成爲多角化經營，繼續存活到 2010 年。

《孫子兵法》裡說，水無常形，兵無常勢。僅有因勢利導，以分合爲變者，方能適者生存，在逆境中爭上游，在困厄中求生機。市場能量就是勢，要能因勢利導，順勢而爲，藉勢而起，有時甚至得以迂爲直，而避開陷阱與翻不過的山頭，以患爲利，當危機處理好經常就會是轉機了，因爲它會成爲他人一條不可跨越之鴻溝。因此遇到壓力時，不要害怕或想去逃避它，要知道壓力本身就有能量，要審視大環境而決定轉移之方向，力小則承受直行，力大則使巧勁撥開，不要想硬碰硬，造成兩敗俱傷。如同打太極，一個大力量過來，在對的角度上，只需要加之一個小力量，就可以改變其方向，若黏住並持續改變方向就可以使其力反彈回去，這亦是基本物理原理。在這裡再次強調，當市場出現任何能量時，先去衡量能量有多大，對我們是負面還是正面的，即使評估的結果是負面的，也不用畏懼，重點在於你如何轉變它的方向，而最好能結合它，藉勢成爲你的力量，這在《孫子兵法》處處都可找到危機變成轉機的智慧。

從成功到偉大

多少臺灣電子資訊公司曾有輝煌騰達的時候，許多代工工廠也曾訂單滿載，但成功之後常是莫名的困境。爲了突破廠商的困境，歷任政府有的主張西進，有的主張南進，但唯有將取之不盡、用之不竭的人才能力求上進，才可以有下一步的榮景。

因應全球人口老年化的趨勢，對新政府五大重點產業之一的醫學產業，自我腦力激盪後，在此野人獻曝。基本想法是嘗試整合兩個成熟的產業，來進軍未來巨大的醫學產業，因爲這奇想的議題非常大、難度也非常高，所以先把非常辦法的觀念說在前面。

成功的因子

當年 Intel 就是吸取了高效率的 RISC 架構，整合在原易開發的 CISC 架構上，才確立了電腦與工作站領域裡獨霸 CPU 的地位。蘋果把成熟的電腦和成熟的手機整合起來，就輕鬆地把 NOKIA 打到趴到地上爬不起來；90 年代臺灣生產的 scanner 在世界占有率超過 90%，後來美日 scanner 廠家以成熟的印表機整合成熟的 scanner 成 MFP，臺灣的掃描器的市場就被搶下來了。所以除了創新，適時的整合能力，是智取天下的成功關鍵：將兩個成熟的產品整合成一個新產品，自然就可把兩個市場都拿下來。「適時」意味著，要拿到最大的邊際效應，除了得第一個將產品完美整合推上市外，還得有智慧等到兩者皆夠成熟後，才有可能整合完美，過早進場則口袋要夠深，因爲整合兩個變數的難度是兩者相乘的。

不只有形的產品靠整合可以取得巨大成功，無形的服務業也得依整合的觀念，就是**連結**兩個（互爲需求的）世界：賣家和買家、個人和朋友……，一旦連結成功，成長就勢如破竹。許多成功的例子，優步（Uber）不擁有任何一輛車，卻成了世界上最大的計程車公司，靠著就是把乘客和司機連結起來的能力；中國的阿里巴巴、美國亞馬遜、e-Bay，將賣家和買家所期待的、所欠缺的都補齊，就創立了線上電子商務交易平台；YouTube 不製作影片，但到 2017 年 2 月底，每天網友到該網站觀賞影片的總時間突破 10 億小時；臉書本身也不生產任何媒體內容，卻是全世界最大的媒體公司，靠的是讓每個人都能非常快速有效地聯絡到朋友；同樣的，Airbnb 是全世界最大的線上訂房平台，但卻沒有任何房地產；甚至新生的群眾募資平台（像 Kickstarter、Indiegogo 等），平台本身並沒有資金，只集結小投資者，而集結的資金已快超越傳統的創投了。

以免費來賺大錢

一旦聽到免費的服務或產品，再長的隊伍都還有人搶著排。而事實上天下沒有白吃的午餐，免費的背後不外乎是將享用的時間與付錢的時間切開，或將享用的人與付錢的人切開，或享用免費後得支付其他的錢。總之，有人嘗了免費甜頭，必有人（代）付了此甜頭的費用。

所以有：免費送手機，請簽 3 年通話合約；免費用咖啡機，請簽 3 年咖啡合約；免費租影印機，請簽 3 年耗材合約；免費……，請簽……；連政府機關也風行的 BOT，也是貪圖前面的免費；遊戲軟體提供免費使用……。這些還是法律允許的，君不見，還有其他最貴的免費：像免費的一夜，無盡的付費；免抵押借錢，結果支付高利貸；免費享受非法的作爲，最後付出靈魂的代價。

免費是用來招攬巨量客戶的神奇字眼，尤其是提供有需求的服務。2010 年馬克・祖克柏被時代雜誌選爲風雲人物，理由是（免費）讓 5 億多人，成功連結在一起，2016 年用戶已超過 18 億人，全年的營運額達 276 億美元，其運營利潤爲 124 億美元，比 2015 年增長了 100%，而至今臉書沒有向用戶收取任何費用。前述成功連結的新興公司，像 YouTube、Airbnb 等也都沒有向客戶收取一毛錢，結果都大賺錢。

免費的方案是（出）奇（致）勝，在還沒有獲利前，已裝置一個讓追隨者難以跨過的鴻溝，它需集勇氣與智慧。免費也是擴大經濟規模的必殺武器，是結合了產品而成的服務平台，而免費是將過程量變到結果質變的雙重催化劑。

最終經濟規模決定勝負

失敗是創新的必要元素，堅持嘗試創新才有成功的機會。成功者從錯誤中獲取到許多新的觀念，終獲成功。創新是橫空而出的王者，靠的是力取占得一片天地，連結就是巧取來分享這一片天地，而整合更是智取這片新天地，三者名稱不同但精神相同，都是占住「天時」，快速到達成功。

連結、整合可以迅速成功，表示該產品是非常成熟的，重點是在先見之明，而複製就非常簡單，許多公司會想跳進來爭食。任何巨大市場裡，總有人以薄利多銷來搶市場，經濟規模導致各種成本的降低，包括產品開發成本、採購成本、製造測試成本、市場開發成本、售後服務成本……。連結、整合的成功，很快就是由經濟規模來決定強弱。當經濟規模出現了等級的差別，就開始出現強者越強弱者越弱，決定了利潤，也決定了勝負。一旦市場開始飽和，最有效增加經濟規模的方法就是併購，這意味著競爭後期中，管理與財力的重要性。

拋磚引玉的案例

西醫是一路借用科技而快速且持續的進步，早已在多項領域後發先至，成就遠遠超越有數千年資歷的中醫了。臺灣（甚至大陸）在醫學科技落後西方如此多，想分食醫療大餅，就得鎖定西醫不足之處切入，採避強就弱的做法，並以互補的姿態，來占據自己強項之處。

以解剖爲核心的西醫，從微觀角度來檢視與醫治疾病，微觀是其特點也是限制之處，使得再大的儀器都只能微觀局部，很難快速有效地宏觀到全局，當病灶不在病症之處時，西醫下手不是治標就是誤醫。尤其對不以撲殺（病毒、細菌）、割除（病變的癌細胞）的慢性病與文明病，更是僅能治標無法治本。而且先期的檢查一旦跨及分科細目，常是費時、昂貴，甚至延誤黃金治療時機。在預防重於治療的今天，以及人口老化的趨勢，快速、有效、低成本且非侵入式的全身檢查系統，將會扮演比治療還重要的角色。

到此有些感傷，前些時候還努力地構思此大計畫，但爲了回報他人而需投入其他計畫，在此就權作拋磚引玉的案例吧？列出重點作爲呼應上述的整合—免費—經濟規模的非常計畫。

中醫歷經數千年的歷練與萃取，已有一些成功與成熟的區塊，其四診（望、聞、問、切）更是健康保險公司所尋找的快速、有效、低成本且非侵入式的全身檢查系統。中醫目前所以不能達到應有的（成功）地位，是因爲缺少了（客觀的）儀器、（病人）看得懂的數據，與以嚴謹的科學方法記錄醫療的過程與結果，來取得官方認證與病人的安心。

整個計畫是將古人理論、臨床經驗的智慧，化爲望、聞、問的流程與參數，再整合把脈機作爲同步量取全身 12 經脈的客觀儀器，最後採用歷經數千年的臨床醫療結果，所流傳下來的湯藥、針灸等解方來醫療。全程以嚴謹的科學方法記錄醫療的診斷過程與治療結果，同步都存在資料庫，作爲大數據的原始資料。

並將此整合成熟有效的方案後，免費給八方民眾檢查身體。民眾爲了醫病、爲了健康，都會鉅細靡遺把身體各個資料，誠實地建立到資料庫裡（此爲 FB、YouTube 等成功的元素）；系統僅對慢性病與文明病進行醫療，與西醫做互補，且符合預防重於治療的新觀念。

最後這診斷、（治療）系統，亦可擴充爲開放式的平台，會是各個國家與健保公司降低醫療費用的利器，而資料庫更是各醫療公司爭相購買的無價之寶。其關鍵是中醫由理論、到診斷、到預防、到治療都已非常成熟有效了，只要加以嚴謹的科學方法整合今日電子與資料庫的科技，必能建立起預防保健爲主的新醫學產業。

有很多時候成功不在盡力，而在借力。借力不僅是一種能力，更是一種智慧。中醫與雲端科技都是很成熟的元素，技術整合成功是可期待的，在加以行銷而定位成功，必能分食醫療大餅，最後再植入永續經營的元素，那就成爲偉大的公司了。

偉大的因子

《易經》繫辭：窮則變，變則通，通則久（，而久則窮矣）。這是「勢」的運轉道理，多少成功的公司想在「通—成功」了後，如何避免轉入「窮」的處境而成爲偉大的公司？

以搜索引擎產業爲例，雅虎在 2000 年巔峰期市值超越 1,300 億美元，如今安在哉？雅虎第一代的搜尋引擎僅專注在動詞，以搜尋關鍵字的功能與速度就輕易地廣受歡迎。第二代的搜尋引擎進步到分析受詞，即對被搜尋關鍵字依被搜尋次數做加權比重。搜索引擎在千萬個網站中安裝追蹤碼，對被搜尋的關鍵字做大數據的分析，再依被搜尋次數做出正確的加權比重。

今日搜尋引擎的龍頭老大 Google 取代雅虎後就可以高枕無憂嗎？除非搜尋引擎的技術已碰到天花板了。目前 Google Home 和 Amazon Echo 都以投搜尋者之所好來提供同溫層的訊息，就是以此推測用戶的喜好，但還無法有效掌握用戶的能力和行爲模式。但只要有一新的搜尋引擎能率先掌握主詞，能蛛絲馬跡地分析搜尋引擎用戶的心態和行爲模式，就比現行依（關鍵字）以往被搜尋次數，能更準確地推測出用戶想要的目標，搜尋引擎的版圖會將轉移了。

每個成功的公司也許有不同的原因，但成爲偉大的公司都必須有同一個原因：永續經營。對此，亞馬遜創辦人貝佐斯一再強調「每天都是第一天」來詮釋此概念。亞馬遜成立於 1994 年，1997 年成功上市時，貝佐斯在寫給股東的首份文件：「這還只是網路世界的 Day 1，我們仍有太多要學習。」2013 年業績大發，但在股東會議上貝佐斯又提到：「我們連 Day 1 都不是，甚至距按下鬧鐘的貪睡按鈕都有些距離」。2014 年，亞馬遜已經 20 歲。貝佐斯的股東信中仍說，這是亞馬遜的第一天。2016 年新建總部的首棟大樓，亞馬遜就取名爲「第一天——Day 1」。

貝佐斯爲什麼這麼強調這一點？所有的成功者都有一特質，就是有衝勁與樂於挑戰。大多數的人到新環境的第一天，意識到挑戰的開始，不但兢兢業業，若涉深淵、如履薄冰，且心態上接受求新求變，爲的就是能在新環境裡生存。在這創業的過程，一步步地累積了經驗，經驗培養了能力，回報就由生存到快速發展，最後嘗到成功的果實。爲保持這個特質，就是：「把每一天（one day），當作『第一天』（day one）。」

在競爭的環境裡，要明瞭逆水行舟的生態。「通則久」使人能駕輕就熟地處理例行公事，而逐漸失去對環境改變的知覺，最後仍自恃過往經驗而輕忽行事。所以有工作經驗並不是永遠等於有工作能力，貝佐斯意識到：經驗是資產還是負債（包袱），完全看當事人能把經驗來幫助成功，還是被經驗妨害了成功。以往成功或失敗的經驗，不能保證未來在相同的做法下，結果亦是會相同。《禮記．大學》：「湯之《盤銘》曰：苟日新，日日新，又日新。」「湯」即成湯，也就是商湯，商朝的開國之君。「盤銘」則是刻在器皿上用來警戒自己的箴言。商湯警戒自己，把每一天當作「第一天」，始終兢兢業業，持有衝勁與樂於接受各種變化的挑戰。

要一家公司、組織、國家成功，可依「天」、「地」、「將」、「法」就可以做到，但要維續永續生存，《孫子兵法》指出不能依「天」、不能依「地」、不能依「將」、不能依「法」，而是（在不同時空下都能）找出「令民與上同意，可與之死，可與之生，而不畏危也」的「道」。貝佐斯勉勵員工：「把每一天，當作『第一天』」，這就是亞馬遜（持續）找出永續經營之「道」，這應是使亞馬遜從成功到偉大的關鍵吧？

有效的創新

管理大師克里斯汀生（Clayton Christensen）在 1997 年提出破壞性創新（disruptive innovation）理論，解開創新爲何總是出人意外的顚覆市場，被英國《經濟學人》評爲史上最重要的六大管理著作，也被不斷面臨顚覆壓力的科技業視爲圭臬，英特爾創辦人葛洛夫、蘋果賈伯斯都常引用克里斯汀生的見解，爲什麼 20 年後他提出《創新者的解答》？

企業商機在哪裡？該如何創新？

根據麥肯錫調查顯示，84％的全球高階經理人認爲，
對企業成長極其重要，但又有高達 94％的受訪者不滿意創新績效。現在搜集與分析數據的工具不少、技術翻新速度加快，爲什麼有效的創新還這麼的困難？

克里斯汀生指出：長期以來，企業都把焦點著重在
，如何改善產品、如何降低成本來獲利、如何增加差異來創造競爭力，當過度聚焦在技術時，創新就淪爲靠運氣與推論來決定。眾知創新僅是步入競爭的入門票，隨著科技的日新月異，「回應競爭」的企業很難成功，想脫穎而成功，就得挖掘出
背後的「起因」，由此對因下藥，才能提高創新的成功率。

由市場角度來看，當大突破的重點科技被引入產品時，表示

市場開始步入了新的導入期，產業處於「技術（演進）導向」時期，此時消費者根本不清楚科技能爲他們做到什麼，自然由重點科技帶給產品「破壞性創新」後，以激發消費者的購買慾。但隨著科技日趨成熟不再有長足進展時，市場也由導入期、成長期進入成熟期，產品設計就需轉向「顧客（需要）導向」了，供應端想激發消費者購買慾，就得整合其他橫向、縱向的元素，做出「整合性創新」，才可能使消費者有需求的反應。

不要再依慣性去開發產品後，才去找客戶，要能依消費者「需要」去開發的產品或服務，則推出後消費者自然主動追求的。如果還能將現存的兩個獨立市場，化爲形而上的需求，整合後，再轉換爲形而下的具體產品去滿足，如此的「整合性創新」開創的新產業，其成功後的利益，就非常的驚人，賈伯斯定義的智慧型手機就是如此。

提供隨時隨地可以與外界聯絡的功能，手機當年就是「破壞性創新」，滿足了移動工作的商業人士，建立手機產業。當時態勢是 Samsung 走造型、低價，Siemens、Motorola、Sony、BENQ、多在技術面打轉，想搶 NOKIA 的市場，但此時手機是不容易操作、很耗電、笨重、又貴，技術演進也很慢，所以此時許多市調嘗試了解消費者對各種功能組合的喜好，似乎都知道消費者要什麼，對此困難各家都有不做的理由。而蘋果賈伯斯爲此困難找出解答，把 PC 移植過來，在手機上加上強大操作系統，加上第二顆 CPU，加上……，加的新元素比原先手機幾乎是一倍有餘，此種「整合性創新」就變成「破壞性創新」。賈伯斯定義的智慧型手機就如此滿足了大部分人「需要」加上「想要」的心理：造型完美、功能強大。結果年輕的消費者一代接一代的買，而新手機的容易操作、省電，加上子女的孝心下，年老的消費者也開始用從來都沒有去想的產品。現在智慧型手機是由業務人員、到各行各業、到家庭，由壯年、到青年、到老年，幾乎人手一機。

以技術而言，當年每一家手機廠都會做如此的智慧型手機，事實上當年賈伯斯定義的智慧型手機，都是使用成熟的技術，只是整合各種成熟技術，當整合是如此完美，使得消費者多無法抗拒。請記得在各個產業生命週期裡，市場很長處於成熟期，不會很快就消失的，最後只會「被整合」或「整合創新」，這是因爲需求不會消失，消失的只是原先產品而已。若此時還在閉門造車，單依產品技術角度增加產品差異，將使產品淪爲「被整合」的下場。

顧客需求是形而上的道，而產品都屬形而下的器。失敗的企業是始終慣性在手段的進行，而不在乎是否達到目的，即只把焦點著重在產品，卻忘了滿足顧客所需要的用途。成功創新的前提就是找出顧客需要的用途，企業想持續賺顧客的錢，就得提供了顧客所要的服務，但因以有形產品來架構企業組織，一旦產品身陷險境，企業想轉型到全新產品時，組織變得堅持原來產品而抗拒轉向。

若遇到困難無法突破時，就必須捨下目前一切的手段，回到最原始的原點（目的）。易經對變的四個階段：通、久、窮、變，但詭異的是許多成功的結果，卻常常同時種下往後失敗的種子。尤其在人在「通而久」的階段待很久時，更是使今日「變」的難度增加了許多。在成功時處於「久」的階段，可以一再重複複製手段，達到此種手段的最高生產力，然而慣性的複製裡，人們亦迷失在其中，僅記得（在早期時空下）有效的手段，而忘了適用此手段的時空背景已不再。

美國在 19 世紀初有個著名的煤油燈公司（名字忘了，也不重要），經過多年努力其成功地作爲煤油燈的龍頭老大，然而當外在時空變化時：電燈開始萌芽，不悟透顧客要買煤油燈是其手段，而照明是顧客最終不變的目的，不知對其公司的遠景重新詮釋爲一照明的公司。該公司堅持可變的手段（煤油燈），而忽視其欲到達的目的（給顧客一個光明的環境），當然其下場是煙消雲散。

亞馬遜2016年新建總部的首棟大樓，就取名爲「第一天——Day 1」。就是：「把每一天（one day），當作『第一天』（day one）。」這能完美解釋在 WPP 廣告集團旗下 Millward Brown 發布的 2017 年 BrandZ 全球最具價値品牌百強排行榜中，科技公司稱霸榜單，亞馬遜能高居第四名，緊接在谷歌、蘋果和微軟之後。

創新不必靠運氣果企業賺錢要靠銷售，銷售的產品是以客戶需求決定，還是由公司技術決定？除非是能做到「破壞性創新」，產品設計方向就可維持「技術導向」，否則產品設計之前，就得了解顧客的需求，有智慧（懂得去問對問題）找出如何滿足顧客的需求。ODM 工廠的行銷工作就應是拜訪客戶——品牌商、系統商，了解顧客選擇這個產品做什麼？在什麼情境下使用這個產品？若身爲品牌廠商，就得自行收集、分析消費者想要的用途，而推出匹配品牌定位的產品，這包括先找出目標市場，接著找出目標市場的主要客戶群所需要的用途，以此定出的市場定位，與具競爭力的功能與售價，最後才是依計畫如期設計出（匹配品牌定位的）產品。若能步步到位，則目標客戶自然抗拒不了為他們量身訂做的產品，銷售與利潤就可以高度期望了。

牢記顧客想要的不是你的產品（或服務），而是解決他問題的方案。但客戶需求常是形而上的要點，或呈現在大數據時，如何將這些形而上的需求，轉為形而下的產品規格（功能、價錢、時間，……）？企業得改變思考視角，還得學會問對問題，才能找出顧客真正購買的原因，最終要了解顧客在什麼情境下使用、使用產品的用途？現代企業應把顧客用途體驗整合到組織內的行銷流程，才可能大幅提高創新的命中率。

舉例來說，全球串流影音龍頭網飛（Netflix）能如此成功，主要原因之一，執行長哈斯廷斯一開始既是公司執行長、也是業務的目標顧客，他的一面創新也立即體驗服務感受，從顧客角度來檢視、找出顧客想要的用途。

再以前述智慧型手機為例，今日現有技術帶動的換機潮已到頂了，想維持產業持續成長、自家品牌占有率增加，需把焦點由「技術為本」的創新，轉到「顧客想要達到的用途」上。像有部分顧客買手機是給其年長的父母、或年幼的子女，也就是說顧客想要手機達到的用途是：關心與照顧，若能依此將手機強化到全範圍的定位、追蹤功能或成為具健康檢測的攜帶性器材，而非聚焦在手機的螢幕大小好壞、相機鏡頭、記憶體大小……，則手機才有換機的新動力。

有效創新仰賴行銷，但行銷不能只想到產品屬性、顧客特質，要改變思維從終極消費者的使用角度來思考，由逆向看回產品，如此就可清楚地了解產品—需求的因果機制，再從大數據中找出有用資訊來提高準度與預測性。能發掘「促使消費者購買產品」的背後原因，創新就不必再碰運氣，變成企業可靠的成長引擎。

永續的競爭力

臺灣歷任政府提振景氣時，多僅由貨幣、財政等短期政策來下手，這種挖東牆補西牆的方式，會有短期的效果，但說白了是「朝三暮四」原始版本的騙猴子把戲。試想今日德國即便回到百廢待興的局面，但假以時日都可迎頭趕上對手，可知國家強盛的構建不在短期的貨幣、財政政策裡。

德國的競爭力似乎是世界數一數二的，但在近距離觀察時，德國人給人的印象總是能力普通而不亮眼，也沒能像華人接受重點式的指令，總要在鉅細靡遺地詢問後，才會開始動工。再以工作量來看，若華人員工一天可以做十件事情，德國員工相同時間內頂多只能做到五件事情，且中間不願被打斷、被打擾。那德國的競爭力從哪裡來？若思索德國人是否會比華人聰明？斷無這種印象。那是否與教育訓練有關？

臺灣教育部 20 年來換了 10 位部長，都鼓勵廣設大學，結果從 23 所增加至 160 所，多到幾乎是想上的人都可上大學，但 20 年來臺灣競爭力並不隨之增加，與歐美日的差距似乎也沒有縮短。臺灣似乎只是在亮眼的數字下功夫，無法做到實質競爭力的提升。看看德國，始終不為文憑所迷惑，不刻意追求大學畢業率及高等教育普及率。根據「經濟合作暨發展組織」（OECD）2014 年的報告，2013 年在德國雙軌的教育制度下，25 至 64 歲的德國人中，只有近 28% 擁有高等教育學位，而會員國平均為 33%。基於學用合一的考量，在德國能進入一般中學（gymnasium）就讀，畢業後多數是考進大學深造的菁英階級。資質中下的學生則進入實用中學（hauptschule），接受職業訓練，而早早進入就業市場。如此學制不會把工程師放在技術員的位置，也不會讓技術員坐在工程師的位置，使得這些人心平下，工作做好、也做滿，不但沒造成社會資源的閒置浪費，甚至行行出狀元。

我在德、英、法、荷與另外四個東歐國家經營過十數年的時間裡，似乎只有德國是每一階層職工均具有紮實且敬業的能力。每當公司在擴充與縮編時，我都曾在助理群中鼓勵最優秀的助理來嘗試負責業務的位置，結果他（她）們都在自我評估後拒絕，而且願待在助理位置做好、做滿。由他們前後的表現，我認知了一點：人員的適才、適所，就是發揮團隊競爭力到最佳的狀態。

同樣，教育系統若能挖掘出來學生的興趣，並能啓發他們的潛能，如此就能全面性提升國家長期的競爭力了。德國的教育方式有其可供臺灣借鏡的地方。在此以在德國經驗，提出一些拋磚引玉的想法：

培養公德心

德國從小在家庭與學前的幼教育裡就專注培養兒童的好習慣，由起居、睡眠、運動、禮儀等能力訓練，雕塑出孩子一輩子依賴的性格與品德。這如同《弟子規》（根據《論語．學而篇》）在總敘就開宗明義指出：聖人訓，首孝弟，次謹信，汎愛眾，而親仁，有餘力，則學文。都是在兒童時專注培養出好的道德心，一輩子依賴的性格與品德雕塑好了，才來「有餘力，則學文」。

德國的幼教由 4 歲到 10 歲（小四），就像《弟子規》的規劃，學校裡完全不著重於智能訓練，反而在德育上要求非常到位。尤其是培養「誠實」與「尊重」的美德，由於具備了「尊重」的德性，交談時大家都可坦白自己的想法，也因爲「尊重」使得「誠實」的德性就容易生根，許多待人處事的問題，彼此可互換視角而很快觸及問題核心，爲一勞永逸提供了基礎。

德國的德育是尤其與群育結合的德育，也就是公德心，不像在臺灣僅強調個人的道德，甚至常有媒體嘲笑遵守公德的狼狽。在德國幾乎每一個人都有遵守社會秩序的公德心，非常少有「狼性」般的插隊、私占公有等行爲，也不敢讓家中花園的草高及膝，而破壞了社區的景觀，並且會主動幫助殘障與老人。另外，德國人對於大眾公德心的維護，已到了人人參與的地步：遇到擦撞路邊停放的車子，路人甲乙丙都會因車主不在場，而勇於維護社會正義。公眾不會以事不關己而袖手旁觀，也不會持沉默態度去助長了社會犯罪行爲的蔓延，百姓與政府一同爲社會法治而努力。社會並以身作則教導了以大事小的德行，父母要求孩子、老闆要求員工做事時，都會說「請」，之後會說「謝謝」。

我注意到，德語非常講求整體句子在文法上的合法性與唯一性，讓德語句子能傳閱百人都得到相同的訊息。幼教學習中文時僅注重單字的認識、詞句的強化，但不求一個結構完整而意思清楚的句子，結果一個中文句子給十個看，像蝴蝶效應，常是有十個解讀。

臺灣與大陸是本末倒置，幼教師都過早地進行智能訓練，結果把發育中的軟骨提早強化爲硬骨，沒開發出多少天才，倒妨害了其往後成長的可能性。而萬般皆下品惟有讀書高的態度，對智能不足或成長較晚的孩童，更造成身心上無可彌補的戕害。

德國小學更是篩選有眞才實學又熱愛小孩的老師，他們與家長密切合作下，將兒童的公德心自幼就培養好，也就把團隊競爭力的基礎建立起來，像德語的一句話：「一個人的努力是加法，一個團隊的努力是乘法。」（Wer alleine arbeitet, addiert.Wer zusammen arbeitet, multipliziert.）公德心對日耳曼民族性的競爭力有決定性的作用。

要求責任心

德國家庭都在青少年建立履行責任的素養，是一種「契約精神」的養成：不輕易做出承諾，但承諾過的事情一定會做到。就是如此履行承諾下，打造出來德國品牌的質量。爲具備履行責任心的德性，幾乎每一個德國人都會有一本記事本，記錄自己預定要做的重要事情。在職場的德國員工亦是將所有的資訊都記錄在一處管理，一旦發生問題就可完整地拿出來檢討，仔細些還可看到德國人處理細節時，會自我要求一次到位，絕不像臺灣的「差不多」心態與品質。臺灣老闆最後會發現前面提到員工完成的十件事情裡，總夾雜幾個不到位的結果，若遇到紀錄管理不良的員工，發生問題時常還原不了眞相，且許多問題常是一開始就已認知不同卻不理清楚。

另外，德國人如同德國的公共交通，力求遵守規定的時間行事。辦公室的職工也不會讓個人好惡、情緒影響到工作的品質。就如德國工匠在工業革命前，均具備像機械人的執行力——不偷巧、不偷懶地執行每道指令，從第一個到第一千個、第一萬個的成品，每個成品的品質都齊一而不打折扣。

值得注意的是，德國中學時代在假期時，課外讀物的功課比臺灣多很多，似乎德國人認爲課外讀物的廣度很重要，所以德國人的看書習慣應是在中學時代培養起來的。德國人認爲孩子／學生快樂地學習下，就能達到最佳結果。而快樂地學習，就是讓孩子／學生自主地、自動地學習。在中學時，德國學生的課外活動比作業還多，此時智育成績是比不上臺灣，雖不懂「揠苗助長」的成語故事，德國父母卻不用課外補習來加強孩子的智育成績，絕沒有以讀書好才是好寶寶的想法。

臺灣目前的中學教育還實施著優劣同校、雞兔同籠的編班體制，這會使學生學習的理論與實作兩頭都不好，更讓需由實作體驗才能明白理論的學生，失去快樂地學習，也無法認識自我，他們的潛能就不得發揮出來了，成爲這種系統下的犧牲者。

嚴格把關的大專教育

德國能保持大量的隱形冠軍，就是德國的各級分流教育，這使得人才可以適才適所。人才能適才適所，依靠的是澈底而嚴格把關的大專教育，讓質優的雙元職業培訓得以得到對的人才。職業學校傳授與實作有關的專業知識，使得德國中小型企業的生產基地得以留在德國，爲德國創造了出口中 68% 的高比重。另外，德國學校在初、高中、大學時都要求學生必須參加無支薪的專業培訓實習，其目的就是使人才步入社會時得以適才適所，工商界的實務與學校的理論能緊密結合時，學生畢業就源源不斷地爲各行各業提供紮實技術的人才。

臺灣的大專學校，完全不把關產出的品質，學生考入即直達畢業。結果造成社會有的產業找不到人力，而處處還有閒置的人力資源，另有相當比例的上班族是工作不順利、不快樂。德國高校是申請時相對容易，但能順利畢業的不到 3 成。德國高等教育嚴格要求下，避免了不達品質的學生步入社會，也避免了學生勉強在不適合的科系畢業。雖然有些學生爲尋找到適合自己的科系時會多花 1 至 2 年，甚至被迫轉到在職專科，在步入社會職場前，若學生找到適合他們發揮的興趣或專才時，就不會誤了往後的一生，等於避免了社會資源的浪費。

臺灣近來的不景氣，從短期因素來看，是受到全球不景氣衝擊；而長期因素方面，則是國內經濟體質在原步踏地，以至於無法繼續原先的領先而陷入困境。臺灣今日主要的競爭力問題不是資金不足，而是國家人才不足。私人公司有無長期競爭力，就看優秀的人才能否加入、發揮與留下；國家長期競爭力能否持續，就看其人才能否持續輩出、發揮了。十年樹木百年樹人，教育戰略決定了國家長期的競爭力，人才的培育若做到適才、適所，則社會成長所需的人力資源得以源源不絕地供應、國家人力資源能以發揮，國家長期競爭力的基本面就此決定了。

長期競爭力不是靠動人的口號，是需有決心與執行老生常談的簡樸道理。當一家品質不良的公司想改進品質時，董事長或總經理就得當任品管總經理，這不是品管專業的問題，這是決心與執行的問題。臺灣社會品質無法提升的最大原因就是「司法」，司法改革成功與否將決定臺灣下一個階段的競爭力，也決定臺灣下一個階段的生活品質。

臺灣眞能在司法上改革成功，就能確實做好社會道德的教育工作，必將朝野百姓的道德水準齊一拉高，則日後在事前的溝通、事中的協調、事後的檢討上，效率都比會比現在至少有效30% 以上。尤其將具體而微的「尊重」、「誠實」與「責任」強化後，在合作、互動日漸加大、加快的今日，團隊的執行力將因道德的齊一，必能產生執行力的共振效應，則永續的競爭力就自然立竿見影顯現出來了。

產業下降期的公司重整案例

我開始能將所學的經驗，用在行銷與經營管理上是在 1993 年，那時幸運地處在產業的上升期，也秉持戒慎恐懼的態度處理內部人事與外部的銷售，有驚無險地度過許多考驗，1998 年到 2007 年是事業的全盛期，其中開設了幾十家公司，即使在 2009 年與 2010 年逐步關閉公司也算是進退有序，當然那些成果也有得有失。之前介紹了一個屬產業上升期的案例，在天時、地利、人和都配合下的成功案例，成果自然是非常完美，但商場絕大多的情境是天時已錯過，面臨的挑戰是如何在逆境下，從人和與變法間的搭配，求生求存求上游。

2010 年後開始做幾家企業的顧問，主要是協助設立據點，或爲已存在據點找問題、給建議，甚至親自操刀處理海外公司的重整。其中值得一提的是，重整臺灣一家上市公司的德國子公司，在德國設立與經營 2 年多後，德語區（德、瑞、奧）的業務毫無成長，所以增加了德國子公司的費用，卻沒帶來更多的營業額，還吃掉了臺灣上市公司不少的利潤。

之前重金禮聘德國團隊的做法，並沒有做好需求面的擴大，而是直接增加供應點，從原有一家有實力的代理商，增加到 4 家代理商與 6 家區域代理商，更玩火的是近半的代理商是由原獨家代理商的客戶中提升上來的，所以 1 ＋ 9 等於 1，而且 in-house competition 造成家家抱怨眾叛親離。

這是典型重整的案例，當務之急是「道」（客戶信心）的重建，才能反轉公司業務下滑的趨勢。當時的做法是把代理商縮爲 2 家，僅保留其中 1 家新的代理商，其餘客戶均交回給原有代理商，同時訂出新的支援系統，也裁員並換掉所有銷售人員，這些措施的目標都是贏回主要客戶的信心，同時費用減低而強化公司競爭力。

在如此快刀砍亂麻下，結果 1 年之內，費用減少 60%，而營業額增加 70%，利潤自然大量產生。在此可以明確地說，所有有嚴重問題的公司，首先都是「道」的問題，簡單講是信心問題。此時局中人都受問題所困，但各有一套說詞，與各自的想法，彼此是矛盾而不妥協，解決之道只有快刀斬亂麻才有扭轉乾坤的機會。

在戰場上制勝之道謂之「勢」，是短暫的；而公司在產業競爭是長期的，永無休止的，謂之「道」。用白話文就是信心問題，手段可能是先處理人的部分，或先處理制度的部分而已，但不管公司是淪落到那個地步，或企圖發展到更高更好的位階，最重要的檢驗指標都是「道」。

還在進行中的案例

另一個自己的案例是，從 2018 年 1 月任職到今日的 Avision 歐洲子公司，在以下資料與數據是根據歐洲市調公司 Infosource 做出的 scanner 市調結果，在此作爲案例分享。

2017 年 Avision 的 FB ＋ DS 排名第 8。市占率不足 1.5%。

當時 AEG 員工 13 位，累積虧損 93 萬歐元。

2017	總數	占有率	排名
AVISION	15,034	1.48%	8
BROTHER	87,044	8.59%	4
CANON	422,431	41.69%	1
EPSON	165,757	16.36%	3
FUJITSU	195,289	19.27%	2
HP	61,109	6.03%	5
KODAK ALARIS	39,365	3.89%	6
PANASONIC	19,358	1.91%	7
VISIONEER	61	0.01%	10
XEROX	7,744	0.76%	9
	1,013,192	100.00%	

2018 年：AEG 先投資做足庫存，儘可能滿足代理商的價位需求，全力搶下標案，AVISION 的文件掃描器市占率追上 Panasonic，排名第七。

2018	總數	占有率	排名
AVISION	23,220	2.28%	7
BROTHER	96,827	9.51%	4
CANON	384,977	37.82%	1
EPSON	192,006	18.86%	3
FUJITSU	200,393	19.69%	2
HP	57,024	5.60%	5
KODAK ALARIS	35,499	3.49%	6

2018	總數	占有率	排名
PANASONIC	22,328	2.19%	8
VISIONEER	133	0.01%	10
XEROX	5,496	0.54%	9
	1,017,903	100.00%	

2019 年：調整與測試各項支援系統與，Avision 的銷量略爲增加，但市占率排名仍維持第七。

2019	總數	占有率	排名
AVISION	29,920	3.05%	7
BROTHER	115,717	11.79%	4
CANON	327,29	33.35%	1
EPSON	207,393	21.13%	2
FUJITSU	183,115	18.66%	3
HP	67,969	6.93%	5
KODAK ALARIS	34,734	3.54%	6
PANASONIC	11,235	1.14%	8
VISIONEER	834	0.08%	10
XEROX	3,156	0.32%	9
	981,359	100.00%	

2020 年：進入狀況，銷售與庫存趨近最佳化，Avision 的銷量大爲增加，追上 Kodak，市占率排名第六。

2020	總數	占有率	排名
AVISION	42,103	4.45%	6
BROTHER	128,317	13.58%	4
CANON	297,201	31.44%	1
EPSON	199,325	21.09%	2
FUJITSU	172,761	18.28%	3
HP	55,159	5.84%	5
KODAK ALARIS	31,507	3.33%	7
PANASONIC	15,682	1.66%	8
VISIONEER	985	0.10%	10
XEROX	2,196	0.23%	9
	945,236	100.00%	

2021 年：各項系統建立完成，Avision 的文件掃描器整體排名第五，正式追上 HP。

2021	總數	占有率	排名
AVISION	63,052	6.98%	5
BROTHER	134,222	14.86%	4
CANON	201,017	22.25%	2
EPSON	194,464	21.53%	3
FUJITSU	209,65	23.21%	1
HP	58,015	6.42%	6
KODAK ALARIS	35,668	3.95%	7
PANASONIC	4,236	0.48%	8

2021	總數	占有率	排名
VISIONEER	796	0.09%	10
XEROX	2,100	0.23%	9
	903,344	100.00%	

經過 4 年的結果，不但員工降爲 9 位，業績增加爲 2017 年的三倍有餘，除了母公司出貨擁有 29% 的毛利外，AEG 除了將歷年的 93 萬歐元虧損彌補外，還累積盈餘 15 萬歐元。

在歐洲市場上能成功的要素有兩點：(1) 信心；(2) 改變。

1. 信心

1-a 展示 ODM 的成功故事：那幾年不管是爲爭取合作與新代理商會談，或爲參加標案的資格與政府負責標案的官員報告申述，都會用這些 icons 來講故事，以 Avision 的技術能力，來讓他們有信心。信心是開啓與新客戶合作的大門，也是持續保持大門開放的必要條件。

1-b 宣示 AEG 的企圖心：更換不適合的代理商與銷售人員，強化內部與外部銷售人員的信心，同時盡一步提供有競爭力

的價錢，與保證參加標案機種有足夠的數量。

2. 改變

2-a 建立歷年／各國家的完整得標／失標紀錄，作爲每次報價的參考。

2-b 最新情報——要求代理商提供標案競爭者的訊息。

2-c 預測得標的可能性，確實有足夠庫存來滿足得標的交期要求。

讓信心與改變正循環，逐漸產生相輔相成的效果，AEG 多年的得標率維持在 64% 上下，2022 年更高達 92%，到年底業績將再翻倍。

2021 年：Avision 文件掃描器在歐洲的市占率 8.19%，超越 HP 8.17%，成爲第五大的品牌。

Avision 若要進一步增加銷售，需由專注於標案市場區塊，再增加 B2C 的業務區塊，則需強化兩個要素——通路與品牌：

1. 通路：原先代理商的功能是，提供財務服務（放帳與收款）給供應商、對零售商供貨與售後服務等功能，但每一項服務都有其費用，甚至無成效前就得繳納不低的過路費。今日一階通路的 e-commerce，已將上述功能直接針對終極客戶群，銷售成本自然比二階通路的費用低，且虛擬通路的銷售量已超過實體通路，這對於許多沒有資源與能力建立銷售通路的供應商該利用的一環。

2. 品牌：必須擄獲終極客戶的信任度，這是「道」的圖騰，需長期的塑造，面臨危機考驗時，能明快地完成「危機化轉機」的操作，就能持續獲得鐵粉的激賞與忠心。

當技術成熟時，各廠家的性價比就趨於相似，品牌與銷售量是相互陪伴成長。沒有品牌支撐的廠商，在面對品牌對手的（定價）壓迫下，被迫更低的售價求售。此時若有足夠的經濟規模，還能支撐出的合理利潤。產業過了上升期，投資都以併購增加經濟規模、以降低營運成本來增加利潤，此時技術與品牌的投資效應就太晚太低了。

在產業成熟期後，唯有前三大的公司或品牌商能有合理以上的利潤，零和（zero-sum）效應會讓未達經濟規模的公司，進入惡性營運循環，終究會因資源耗盡而退出市場，所以在產業成熟期到開始進入衰退期的期間，**經濟規模**是決定生死的唯一因素，而沒有品牌與通路的加持，當代工的路就走到黑了時，甚至生存就只能靠費用降低，到後來不但公司優秀的員工會開始流失，而且無法進一步招募到有潛力的新血。

曾經在歐美市場有不錯成果的 Visioneer，在 2020 年時因財力原因，最後被 Avision 併購下來。但虹光並沒有足夠資源維持 Avision 與 Visioneer 兩個品牌，既然 Visioneer 已無力提供虹光所需要的代工（ODM）資金，則 Avision 應該把握這很好的機會，利用整合手段，將可利用的 Visioneer 通路、品牌與市占率，等資源全部消化並集中在 Avision 的品牌下，不僅輕鬆補上美國市場的品牌空缺，還可借整合瞬間將經濟規模加大、行銷與製造成本降低、全球各市場的支援性提高。尤其在產業進入成熟期後，市場上的潛在合作夥伴，會依西瓜偎大邊的效應，主動或被動地靠到強者身旁。如此裡合 Visioneer 為 Avision，鼓動通路夥伴的外應下，Avision 無形競爭力自然大增，必能一鼓作氣把銷售提升至少三倍以上的成效。

人類科技會進步，是記錄科技的文件不做假。

人類災難不能避免，是記錄歷史的文件有做假。

不管醫師醫人、政治家治國、決策者做計畫，只要依據「眞」的實情，「善」才能進行得當，「美」的目標自然日漸靠近。眞心希望出書的那天，美夢能日漸靠近。

國家圖書館出版品預行編目(CIP)資料

商戰與孫子兵法／郭琛作. -- 初版. -- 臺北市：五南圖書出版股份有限公司, 2023.01
面； 公分

ISBN 978-626-343-563-6(平裝)

1.CST: 孫子兵法 2.CST: 研究考訂
3.CST: 品牌行銷

494 111019440

4L09

商戰與孫子兵法

作　　者— 郭琛
發 行 人— 楊榮川
總 經 理— 楊士清
總 編 輯— 楊秀麗
副總編輯— 王正華
責任編輯— 張維文
封面設計— 鄭云淨
出 版 者— 五南圖書出版股份有限公司
地　　址：106台北市大安區和平東路二段339號4樓
電　　話：(02)2705-5066　傳　　真：(02)2706-61
網　　址：https://www.wunan.com.tw
電子郵件：wunan@wunan.com.tw
劃撥帳號：01068953
戶　　名：五南圖書出版股份有限公司

法律顧問　林勝安律師

出版日期　2023年 1 月初版一刷
定　　價　新臺幣400元

※版權所有・欲利用本書內容，必須徵求本公司同意※

全新官方臉書

五南讀書趣

WUNAN Books since1966

Facebook 按讚

1 秒變文青

★ 專業實用有趣
★ 搶先書籍開箱
★ 獨家優惠好康

不定期舉辦抽
贈書活動喔！

經典永恆・名著常在

五十週年的獻禮——經典名著文庫

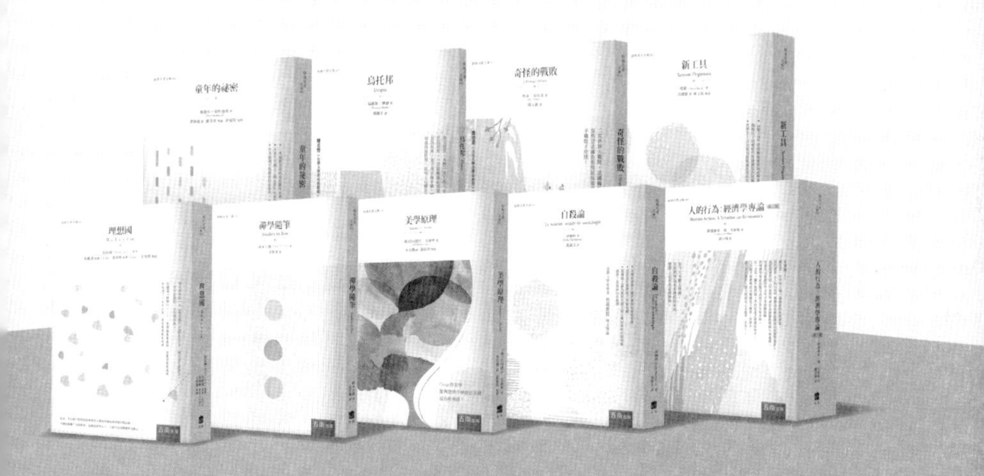

五南，五十年了，半個世紀，人生旅程的一大半，走過來了。
思索著，邁向百年的未來歷程，能為知識界、文化學術界作些什麼？
在速食文化的生態下，有什麼值得讓人雋永品味的？

歷代經典・當今名著，經過時間的洗禮，千錘百鍊，流傳至今，光芒耀人；
不僅使我們能領悟前人的智慧，同時也增深加廣我們思考的深度與視野。
我們決心投入巨資，有計畫的系統梳選，成立「經典名著文庫」，
希望收入古今中外思想性的、充滿睿智與獨見的經典、名著。
這是一項理想性的、永續性的巨大出版工程。
不在意讀者的眾寡，只考慮它的學術價值，力求完整展現先哲思想的軌跡；
為知識界開啟一片智慧之窗，營造一座百花綻放的世界文明公園，
任君遨遊、取菁吸蜜、嘉惠學子！